高等院校艺术学门类"十四五"规划教材

U0172128

服饰图案与设计

FUSHI TU'AN YU SHEJI

任雪玲　张晓涵 ◎ 编著

华中科技大学出版社
http://www.hustp.com
中国·武汉

内容简介

本书通过服饰图案概述、基本构成元素、基本规律,介绍了服饰图案设计方法、服饰图案设计法则、制作技法及利用数码技术进行服饰图案设计等相关知识,把服饰图案设计与电脑应用操作相结合,强化艺术与技术的职业性,对服饰图案的工艺实现进行详尽介绍,力求展现实践与理论相结合的特色。本书内容包括服饰图案认知、服饰图案的色彩、服饰图案的造型设计、服饰图案的表现技法、服饰图案的构成、服饰图案设计的电脑实现及服饰图案在生产中的实现等,并配以大量传统、民族、时尚的图形案例。在编写过程中,本书注重理论的系统性、完整性、科学性,结合作者多年经验,更注重实践的实用性和可行性,通过理论与实践、技术与艺术的结合,突出图案与服饰的密切关系。本书讲解深入浅出,案例丰富,可作为高等院校相关课程的教材,也可以作为服饰爱好者的工具书。

图书在版编目(CIP)数据

服饰图案与设计 / 任雪玲,张晓涵编著. — 武汉:华中科技大学出版社,2022.11
ISBN 978-7-5680-8811-4

Ⅰ.①服… Ⅱ.①任… ②张… Ⅲ.①服饰图案 – 图案设计 Ⅳ.①TS941.2

中国版本图书馆 CIP 数据核字(2022)第 197453 号

服饰图案与设计
Fushi Tu'an yu Sheji

任雪玲 张晓涵 编著

策划编辑:彭中军
责任编辑:史永霞
封面设计:孢 子
责任监印:朱 玢
出版发行:华中科技大学出版社(中国·武汉)　　电话:(027)81321913
　　　　　武汉市东湖新技术开发区华工科技园　　邮编:430223
录　排:武汉创易图文工作室
印　刷:湖北新华印务有限公司
开　本:880 mm × 1 230 mm　1/16
印　张:11.5
字　数:442 千字
版　次:2022 年 11 月第 1 版第 1 次印刷
定　价:69.00 元

前言

FUSHI TU'AN YU SHEJI

　　服饰图案与设计是全国职业院校和本科院校服装工程、服装设计专业的主干课程。服饰图案是应用于实用性和装饰性完美结合的衣着用品的装饰图案。服饰图案是在人类利用自然的生产实践活动中产生的，随着社会化生产的发展和科学技术的进步，服饰图案从创意开始，一直到物化的工艺流程，无不在寻求生产者、消费者、设计者之间的一种共鸣。面料到服饰图案的组织、构成等都成为服饰设计中不可忽视的重要内容，成为服饰设计的灵感来源之一。

　　服饰图案与设计是创意设计、工艺技法、生产实现三位一体的整体设计概念。我国的服饰图案设计艺术有着悠久的历史传统和深厚的文化底蕴，在此基础上，融以与时俱进的思维，加之不断涌现的新材料、新工艺、新手段，对当今的美学、图案学、设计学、材料学、工艺学等理论进行更深入的探讨研究，使其达到完美的境界。

　　本书力求从前辈的经验中发展特色，在尊重前人的基础上，注重时代感，书中的大量图片，给学生提供了素材来源；详尽叙述工艺的实现，弥补以设计为主的同类书籍之不足。在此基础上，对服饰图案设计展开条理性、系统性的论述。任雪玲确定章节结构，并负责全书的统稿工作。本书共分六章，各章节具体分工如下：第一章由任雪玲编写，第二章由任雪玲、张晓涵编写，第三章由刘亚楠编写，第四章由王威编写，第五章由任雪玲、张晓涵编写，第六章由张晓涵编写。

　　本书所用图片大部分已注明作者或出处，还有一些图片无法查到作者和出处而未注明，且由于种种原因无法一一联系到作者本人，不到之处还请各位多加谅解。在此衷心感谢所有图片的作者，特别感谢青岛大学美术学院纺织艺术与装饰设计专业的学生、东华大学鲍小龙老师及云饰图腾老绣民族风小店，它们为本书提供了很多精美的图片。

　　由于作者水平有限，掌握的资料有限，加上时间仓促，本书可能存在不足或者不妥之处，欢迎读者和同行批评指正。

任雪玲

目录

FUSHI TU'AN YU SHEJI

第一章

服饰图案认知

FUSHI TU'AN RENZHI

服饰图案千变万化，服饰图案的设计手法层出不穷，要想掌握服饰图案的设计，需要具备相应的技能、掌握相关的知识，同时，基础理论、图案构成及图案的应用能力也是必不可少的。

第一节
认识服饰图案

一、服饰图案的概念

1. 服饰的含义

服饰是装饰人体的物品的总称。服饰包含两层意思：其一是指衣服上的装饰，如图案、纹样等；其二是指服装及其配饰的总称，包括衣服及首饰、鞋、帽、袜子、手套、围巾、领带、提包、遮阳伞、发饰等。（图1-1至图1-4）

"服"与"饰"的关系："服"即服装，是主体；"饰"即烘托、陪衬"服"的饰品，"饰"依附于服装，又衬托着服装。

图1-1 服装

图1-2 布包

2. 图案的含义

"图案"这个概念是20世纪前期从日本引进的，是英文design的日译，有"模样""样式""设计图"等含义。一方面，"图案"是以产品前期设计规划的形式出现的，其目的在于为具体产品（如建筑物、纺织品等）绘制精确的图纸；另一方面，是从满足装饰目的而进行考虑的，主要指器具外表装饰图形的形状、样式、色彩等，对装饰原理进行研究。由此，我们得到图案的概念：

图1-3 皮包(Anya Hindmarch)

图1-4 手上饰品(淘宝店铺：云饰图腾老绣民族风小店)

　　图案具有装饰性与实用性，是与工艺制作相结合、相统一的一种艺术形式。图案有两层含义：广义的图案是指对某种器物的造型结构、色彩及图形构成的设想，并依据材料要求、制作要求、实用功能、审美要求等所创作的设计方案，与之相应的英文是"design"；狭义的图案是指器物上的装饰图形，相应的英文是"pattern"。（图1-5 至图 1-8）

图1-5 瓷器图案一

图1-6 乐器图案

　　我国图案教育家陈之佛先生提出了"图案是构想图"的理论：它是平面的，也是立体的；图案是设计实现的手段之一。

　　《辞海》艺术分册对"图案"条目的解释：广义指对某种器物的造型结构、色彩、纹饰进行工艺处理而事先设计的施工方案，制成图样，通称图案。有的器物（如某些木器家具等）除了造型结构，别无装饰纹样，亦属图案范畴（或称立体图案）。狭义则指器物上的装饰纹样和色彩而言。（上海辞书出版社）（图 1-9 和图 1-10）狭义概念上的图案即纹样、花纹，一般认为它是在有意识的生产生活中刻画符号、记录事物和文身装饰中产生的，或者是在无意识中产生的。

图1-7 瓷器图案二(李德惠)

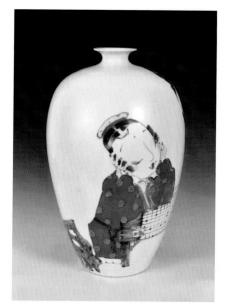

图1-8 瓷器图案三(李德惠)

图1-9 鞋子立体花卉图案

图1-10 明式家具

　　工艺美术教育家雷圭元先生对图案的定义如下:图案是实用美术、装饰美术、建筑美术方面,关于形式、色彩、结构的预先设计;在工艺材料、用途、经济、生产等条件制约下,是制成图样、装饰纹样等方案的通称。(图1-11和图1-12)

图1-11 鞋子图案(淘宝店铺:云饰图腾老绣民族风小店)

图1-12 胸针图案

一般而言，非再现性的图形表现，都可以被称作图案，包括几何图形、视觉艺术、装饰艺术等图案。

3. 服饰图案的含义

服饰图案是服饰及其配件上具有一定图案规律，经过抽象、变化等方法而规则化、定型化的装饰图形纹样，是运用在服装、服装配件及服装装饰物上的图案的总称。服饰图案是为服饰服务的一种图案设计形式，具有自己特定的装饰对象、独到的工艺制作技巧、一定的表现空间，它运用于服装、鞋帽、饰品等；通过服饰图案的视觉形象来表现内容、传达思想、传递时尚信息，从而使服饰图案既有艺术性、思想性，又带有实用性和一定的科学性、功能性。（图 1-13 和图 1-14）

图1-13　寓意吉祥的饰品图案　　　　　　图1-14　实用有寓意的侗族图案

4. 服饰图案与其他装饰图案的区别

服饰图案属于装饰图案的一种。装饰图案作为一种造型艺术，它涵盖的内容丰富而深远，材料运用广泛而普遍。装饰图案常常出现在我们的生活中，如现代工业、建筑艺术、实用物品的装饰纹样，这些非服饰用图案的材料一般较为单一，手法也不够丰富。服饰图案可以是平面的，如印花；也可以实现立体效果，如通过雕、编、勒、锁、绣等手法实现的刺绣图案，通过组织变化形成的提花图案，通过工艺实现的烂花图案，借助珠、管、片、纽扣等其他辅助材质形成的立体图案等。（图 1-15 至图 1-18）

图1-15　烂花图案（Simone Rocha）　　　　图1-16　钩针图案（Emilio Pucci）

图1-17　特种刺绣图案（Dolce & Gabbana）　　　　图1-18　特种材质编结图案（Chloe）

二、服饰图案的特性

服饰图案是一种美的形式，在运用中要做到艺术性与实用性的统一。

（1）艺术性：人们常常追求服饰的漂亮，这就是服饰图案艺术性即审美性的体现。（图 1-19 至图 1-21）

图1-19　具有审美性的生活装一　　　　　　图1-20　具有审美性的生活装二

图1-21 创意服饰设计

（2）实用性：服饰图案必须依附于某种具体的服饰形体中或某些部位上，来反映出艺术和实用效果，因此兼具实用性。

艺术性与实用性这两者之间在相对独立的同时又相互交叉、相互渗透、相互依托，实现合理的设计并完美结合。因此，在探讨服饰图案特性的问题时，主要可以考虑以下几个方面。

1. 统一性

服装的款式、图案及服饰配件具有统一的特点，尤其是标志服装、工装或者系列服装。系列服装的统一性元素包括：同一穿着对象的系列，如婴儿系列、少女系列等；不同穿着对象的系列，如母子装、父子装、情侣装等；同一类型的系列，如裙子系列、裤子系列等；不同类型的系列，如内外衣系列、三件套、四件套及内衣中的胸罩、短裤、短裙、长裤、长裙、上衣等多件套系列；同一季节的系列，如春装系列、夏装系列、秋装系列、冬装系列等；同一面料的系列，采用同一种或同类面料，但款式、色彩不同形成的系列；不同面料的系列，采用不同面料设计同一类型的服装形成的系列；同一色彩的系列，采用同一色彩或同一色系的面料设计形成的系列；不同色彩的系列，采用不同色彩的面料设计形成的系列；同一装饰类型的系列，如绣同一类型的花、镶同一类型的边的服装系列；不同装饰类型的系列，如同一类型的服装或同一类型的面料，但装饰类型不同的系列；同一风格的系列，不论服装类型、面料类型、色彩是否一致，但风格上保持一致的设计；不同风格的系列，对同一穿着对象或同一类面料，或同一类服装类型，做不同风格设计形成的系列。系列服装，有的统一性多一些，有的统一性少一些，但至少应保持某一方面的统一性、统一感。（图 1-22 至图 1-24）

图1-22 系列服装一

图1-23　系列服装二

图1-24　丝巾系列（曹士霞）

2. 工艺性

　　工艺性包含了服饰图案的工艺技法和纤维特性，是指服饰图案适应服饰材料的物性而呈现出来的审美特征。服饰图案附于服装材料之上，面料的特征也显现在服饰图案的装饰表层，成为服饰图案的一部分。服饰图案采用的工艺不外乎勒、锁、雕、编、绣、织、勾等，还有印、染、画、贴布等，不管哪种工艺手段，或多或少地都会将面料的线条、参差、凹凸、经纬、疏透等特性体现出来，呈现出特有的工艺特点和美学质感。因此，服饰图案的工艺性和纤维特点，是设计者不容忽视的问题。（图 1-25 和图 1-26）

图1-25　蛋糕裙（陈闻）　　　　　　　　　图1-26　真皮材质的服饰工艺

3. 饰体性

饰体性是服饰图案契合着装人体的体态而呈现出来的美学特征，是图案应用于服装面料的一种特性，随着面料的变化，相同图案给人以不同的感受。

人体的结构、形态和部位对服饰图案的设计与表现形式有着不可分割的关系。比如：在人体的关节转折部位一般不进行图案装饰，而人体背部面积大，可以采用自由式或者适合式的大面积纹样，加强背部的装饰效果；胸部及领口是视线的关注部位，往往布置特色鲜明、装饰性强的图案。另外，在重要装饰部位还会设计立体图案。（图 1-27 至图 1-32）

图1-27　服装的饰体设计（Dolce & Gabbana）　　　图1-28　服装的饰体设计（Alexander McQueen）

图1-29　服装的饰体性一（淘宝店铺：云饰图　　　图1-30　服装的饰体性二（淘宝店铺：云饰腾
　　　　腾老绣民族风小店）　　　　　　　　　　　　图老绣民族风小店）

图1-31　服装的饰体性三（淘宝店铺：云饰腾　　　图1-32　服装的饰体性四（淘宝店铺：云饰腾
　　　　图老绣民族风小店）　　　　　　　　　　　　图老绣民族风小店）

4. 动态性

　　服饰图案是随着服装展示状态的变化而变化的。随着着装者的运动，依附于服装的图案相应地呈现运动状态，并体现出动感的美学特征。这种动态的美，充分体现了服饰真实的审美效果，在不同的时间和空间，呈现出生动的形态和动感的情趣。（图1-33和图1-34）

　　动态性是服饰图案的重要美学特征之一。

图1-33　服饰的动态性一

图1-34　服饰的动态性二

5. 再创性

　　再创性指的是服饰图案在面料图案的基础上进行创造转换的美学特征。再创性是针对面料已有的图案进行再创造得出新的图案装饰形式，使原本单一的面料图案经过再创造呈现出丰富多彩的视觉效果，使面料更具特色和个性化。结合其他辅料进行再设计、再创造，是对面料图案的一种有效的假借、利用。巧妙地再创造的服饰图案往往起到事半功倍的装饰效果。（图 1-35 至图 1-38）

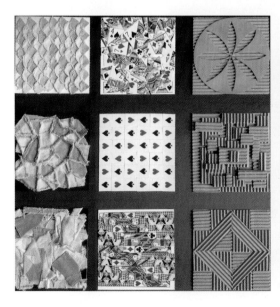

图1-35　服饰面料再造一　　　　　　　　　　　图1-36　服饰面料再造二

图1-37 面料再造服饰设计   图1-38 面料再造服饰设计（陆敏超）

三、服饰图案的分类

（一）按空间关系分

空间关系在服饰图案中主要是指图案与服饰间的维度关系，可分为平面图案和立体图案。平面图案是指图案本身是平面化的，且图案与服饰面料的关系为二维空间关系，如印、染图案，平面图案鉴于其特点，往往注重的是图案本身的构图、造型和色彩。立体图案则是指图案本身是立体的，并与服饰有着三维的空间关系，如利用面料制成的褶皱、排裥、立体花、立体纹饰、蝴蝶结、流苏、纽扣、鞋、帽、戒指、项链、手镯、耳环等物件的造型和装饰。（图1-39和图1-40）

图1-39 平面图案   图1-40 立体图案（Simone Rocha）

　　另外，不可忽视的是，服装结构设计中，不同材质或同材质不同肌理的面料的运用，以及用不同色彩的面料缝制的服饰，本身就具有更直接、更内在的平面或立体的装饰效果。

（二）按构成形式分

　　按构成形式，服饰图案可分为单独图案（也称为独立图案）和连续图案。单独图案又可分为独立式、边角式和适型式。连续图案有二方连续和四方连续之分，前者多饰于服装的边缘部分，后者主要是纺织品面料装饰的主要形式。（图1-41至图1-45）

图1-41　单独图案（araisara荒井沙羅）

图1-42　边角式图案
（淘宝店铺：云饰图腾老绣民族风小店）

图1-43　适型式图案
（淘宝店铺：云饰图腾老绣民族风小店）

图1-44　二方连续图案

图1-45　四方连续图案

（三）按工艺分

按工艺的不同，服饰图案可分为印染图案、编结图案、镶拼图案、刺绣图案、镂空图案等。不同工艺有着各自的特点，往往会形成不同的工艺效果。（图1-46和图1-47）

图1-46　编织图案

图1-47　刺绣图案（淘宝店铺：云饰图腾老绣民族风小店）

（四）按素材分

服饰图案的素材可以分为人物、风景、花卉、植物、动物、抽象图案等。这些素材又可以细分，如动物可以分为龙凤、狮子、麒麟、鹿、象、十二生肖、仙鹤、鹭鸶、鸳鸯等，人物可以分为戏曲人物、神仙人物、历史人物等。（图1-48至图1-53）

图1-48　动物图案

图1-49　风景图案

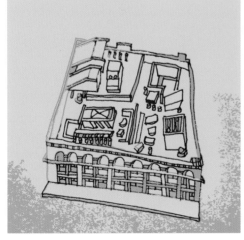

图1-50　建筑图案（彭斌）

图1-51　人物图案（李玲玲）

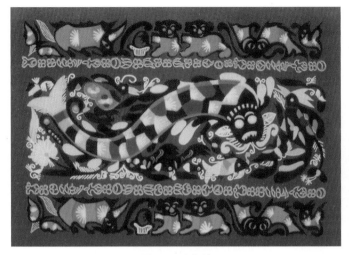

图1-52 鱼纹

图1-53 狮子纹

以上从空间、构成形式、工艺、素材等方面对服饰图案进行了分类，角度不同，分类方式也不同，所涵盖的范围也不同。新技术、新思维、新视点的出现，将会使更多的分类标准产生。

第二节
服饰图案的审美、功用与设计原则

服饰属于工艺美术的范畴，服饰图案作为服饰的重要组成部分也属其中。服饰图案的设计与开发自然就离不开工艺美术的两大特性：审美性与实用性。了解和掌握服饰图案的审美和功用，对于服饰图案的设计至关重要。

一、服饰图案的审美

人们穿着衣服，除了实用功能外，还要实现对美的追求。图案在服饰上虽然处于从属地位，但它是服装整体美不可缺少的组成部分，服饰图案的美能够满足人们视觉、心理上的审美。通常认为，服饰图案之美分为三种，即自然美、艺术美和社会美。通过人们长期的实践与积累，服饰图案在形成与演变中逐渐具备了符号的性质，发挥着标志、象征、指意和抒情的功能。

1. 自然美

服饰图案的自然之美是一种自在的美、形态美和客体美。人们在与自然界的接触中，将能够引起审美快感的自然景物进行符合自己审美需求的设计，并应用到生活器物和服饰当中，以满足对美的欲求。（图1-54）

图1-54 自然之美

2. 艺术美

人们在利用自然景物进行纹样设计时，按照自己的审美需求，不自觉地到自觉地应用变化与统一、对称与均衡、节奏与韵律等形式美语言对纹样进行梳理加工，形成形式不同的具有视觉美感的纹样，我们称之为服饰图案的艺术美。（图 1-55）

图1-55 艺术形式之美(彭斌)

3. 社会美

服饰图案的社会美内涵最为丰富。服饰图案源于生活，形成于人们的观念。因而，源于生活和形成于观念的所有服饰图案，自然也是随着社会的不断进步和人们观念的提高而不断发展的，是随着社会的发展而发展的。（图 1-56 至图 1-58）

图1-56 承载民族信息的　　图1-57 承载民族信息的　　图1-58 承载民族信息的
　　　服饰图案一　　　　　　　服饰图案二　　　　　　　服饰图案三

二、服饰图案的形式美法则

对于所有艺术创作和艺术设计而言，形式美规律的运用和形式美感的表现都是必不可少的。

形式美指的是客观事物和艺术形象在形式上的美的表现。形式美的构成因素一般划分为两大部分：一部分是构成形式美的感性质料；一部分是构成形式美的感性质料之间的组合规律，或称构成规律、形式美法则。形式美法则是人类在创造美的形式、美的过程中对美的形式规律的经验总结和抽象概括。

服饰图案作为一门装饰性、规律性极强的艺术，注重外在形式的美，这种规律性与形式美是人类千百年来通过观察自然界客观存在的美的形象，总结归纳提炼而成的，我们称之为形式美法则。

1. 服饰图案的对称美

对称即均齐，是指相同与相似的形式因素之间的组合所构成的对等的平衡。对称是以静感为主导的平衡，以对称轴线为表现中心，线两侧的形态呈现出同形、同量的完全对应重合的"镜像反映"，有左右对称和上下对称等表现。它是平衡法则的特殊表现形式。（图1-59至图1-61）

图1-59　服饰图案的对称布局

图1-60　发饰的图案对称

图1-61　上下、左右对称图案（黄海之恋　李承恩）

自然界的植物、动物，其叶子、花卉、羽毛和躯体等，都具有对称形式美感。人们在观赏这类形体时，对称形式美感往往会给他们带来审美趣味的满足。人们在观察对称的形体时感觉两边产生的魅力一样大，视觉在两边之间来回游动，最终视点落在形体的中间点上，获得视觉上的愉快和享受。对称可以说是服饰图案中最多见的一种形式表现，图案的美感也因对称而获得了提升。

2. 服饰图案的对比美

对比是指将不同质或量形成的强和弱、大和小等存在对立的要素配置在一起，形成形式上的差异性，这是设计中常用的手法，也是服饰图案设计中重要的表现手段之一。

对比的类型：形态与形态之间的对比、形态与空间之间的对比以及色彩的对比。形态与形态之间的对比又分为形状、大小、远近、方向、多少、曲直、虚实、明暗等的对比，形态与空间之间的对比分为正负、疏密、面积等的对比，色彩的对比有明度、色相、纯度、冷暖等的对比。服饰图案中常运用形态与形态之间的对比来突出设计的个性，从而产生强烈的艺术感染力。（图1-62至图1-64）

图1-62 正负形

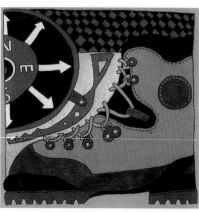

图1-63 疏密对比

图1-64 块面对比

3. 服饰图案的节奏美

节奏原本是诗歌、音乐、舞蹈艺术中的形式，如诗歌中的抑扬顿挫、音乐中音响节拍轻重缓急的变化和重复、舞蹈中形体有规律的运动变化。在造型艺术设计中，节奏是指同一视觉要素连续重复时所产生的运动感，也就是一种有规律的、周期性变化的形式，所呈现出的是一种规律的重复，它借助于音乐术语，将听觉要素转化为视觉要素。（图1-65）

图1-65 具有节奏感的图案

服饰图案设计中运用形象排列组织的动势，形成有一定的秩序性、具有律动的运动感图形，如：由大到小，再由小到大；由静到动，再由动到静；由曲到直，再由直到曲。节奏强调的是一种规律的变化，但是这种规律的变化，必须建立在和谐、整体、秩序的基础上，这样才能表现出作品的内在气势和强烈的艺术感染力。（图1-66）

4. 服装图案的协调美

所谓协调就是和谐，它是使多样变化或构成强烈对比的各种形状、色彩、排列呈现外观协调和内在联系的统一体。

形态间如果特征对比很明显，不易调和，我们就可以通过一定的方法来将它们统一起来，比如：适当增加主要形态的重复形或类似形，使其产生呼应；或者对形态进行位置的重新分配，使形态有秩序起来；还可以调整形态的明暗关系，起到前后穿插、主次分明的效果。

服饰图案的设计中，和谐体现为图形与色彩、图形与材质、图形与款式的相互统一，同一设计中的元素出现的种类越少，越接近，呈现出的和谐越明显。设计中，不仅要追求图案间自身造型语言的和谐，还要强调图案与服饰风格款式的因素的和谐。（图1-67和图1-68）

5. 服饰图案的均衡美

对于对称我们通常比较容易理解，对称体现为左

图1-66　具有律动感的图案

图1-67　和谐的图案搭配一（孙秀琴）

图1-68　和谐的图案搭配二（孙秀琴）

右、上下同形和同量的构成。生活中随处可见对称的物体，比如人自身的构造，从五官位置分布到躯干和四肢都是对称的形式，蝴蝶和树叶多以轴线对称分布，这样的例子不胜枚举。

均衡是异形同量的组合，是指在一假设的中心线（中心点）两侧，图案的各构成因素保持力量的平衡，呈同量不同形的配置，注重的是心理上的视觉体验。

均衡也是自然界处处可见的现象。人的运动、鸟的飞翔、兽的奔跑等，无一不是处在平衡的动态之中。

均衡的结构富于动感，具有生动活泼的表现特征，呈现变化丰富的动态美。平衡表现为以下几种形式。

（1）同量式的平衡：异形同量式的配置，形的差异富于变化，量的均等又呈现稳定的特点。

（2）异量式的平衡：在保持重心稳定的前提下，做异形异量的配置，具有强烈的动感。

（3）意向式的平衡：运用虚实、呼应，借助人们的联想求得平衡，使其虚实相生，呼应相随，更富情趣，更为生动。

对称好比天平，均衡好比秤，它们是图案设计中求得重心稳定的两种结构形式。在服饰图案的设计中，应根据实用与审美的需要，或采用不同的形式，或采取两种形式的结合。在以对称为主的结构中，配置相异的因素，于统一与静感之中求变化；在以均衡为主的构图中，配置相同的因素，于变化与动感之中求统一。两种形式的结合，使变化与统一、庄重与活泼、动与静相互结合，求得完美的平衡感。（图1-69）

6. 服饰图案的比例美

比例是一个数学概念，用于造型中是指形象与空间、形象整体与局部、形象局部与局部之间量的关系，这种量的关系是通过对照衡量来确定的。图案中的形象比例可有多方面的对照标准。人们在长期的生产实践和生活活动中一直运用着比例关系，并以人体自身的尺度为中心，根据自身活动的方便总结出各种尺度标准，体现于衣食住行的器皿和工具的制造中。比如早在古希腊就已被发现的至今为止全世界公认的黄金分割比1：1.618正是人眼的高宽视域之比。恰当的比例则有一种谐调的美感，成为形式美法则的重要内容。在服饰图案设计中，美的比例是决定画面成熟优美的关键要素，应把握好图形的面积、大小、位置以及空间、疏密等相互之间的和谐的比例关系。（图1-70）

图1-69　均衡图案

图1-70　色彩、造型比例适当的图案

7. 服饰图案的变化与统一

变化与统一的形式美法则是一切事物存在的规律，它来源于自然，也是图案构成法则中最基本的原则。

变化即多样性、差异性，是指相异的形、色、质等图案因素并置在一起，造成的显著对比的效果。图案的变化是追求各部分的区别和不同，指图案不同的构成因素，如大小、方圆、长短、粗细、冷暖、明暗、动静、疏密等。具体地讲，如构图中的宾与主、虚与实，位置的上与下、前与后，形的大与小、方与圆，数量的多与少、繁与简，色彩的明与暗、冷与暖，质地的粗与细、软与硬等。

变化富于动感。图案形、色、质等诸构成因素的变化，给人以生动活泼、新鲜强烈、丰富多彩的感觉。但是，若其处理不当，则易杂乱，松散而失去美感。

统一即同一性、一致性，是指图案各组成部分间的内在联系。图案的统一是追求各部分的联系和一致，指诸多因素之间的合理秩序和恰当关系。具体的讲，通过图案各部分相同或类似的形、色、质等构成因素，将图案各变化的局部，组织成有机联系的整体，叫统一。

统一富有静感。图案的形、色、质等诸构成因素的统一，给人以调和安定、庄重严肃、有条不紊的感觉。但是，过分的统一，也易单调，乏味而失去美感。

变化与统一是相互对立而又相互依存、相互矛盾又相互联系的，二者缺一不可。任何完美的图案都具有变化与统一两个方面的因素，并形成有机联系的整体。只是在不同的图案中，变化与统一的主次不同。以变化为主要倾向，则通过某些同一或近似的因素，在丰富多样中求得统一；以统一为主要倾向，则通过某些相异或对比的因素，在单纯谐调中求得变化。（图1-71）

变化要在统一之中，多样性要建立在整体性之上。统一是变化的基础，变化则相对于统一而存在。只有统一而无变化，图案会显得单调、呆板、缺乏生气；变化过多而无统一，图案易杂乱无章，缺少和谐美。

图1-71　变化与统一的图案设计

要正确处理好整体与局部的关系，表现于造型、构图、色彩、处理手法等方面。

1）造型

在造型中含有对比因素，均可称其为变化。如造型的大小，形象的方圆，线条的粗细、曲直、长短等。应当注意的是，这些因素并不是平均运用于每个画面，而是在统一的前提下，具体到每个画面都要有重点、有选择地表现这些因素。

2）构图

物体的组合构成除造型变化因素以外，还有不同形体、不同方向以及主次、动静等变化因素，在运用过程中由于侧重点不同而带来的感受也不同。

3）色彩

色彩的变化主要体现于明暗和冷暖的变化。让色彩取得统一效果主要是把握色调，拉开明暗层次，掌握好主次关系，运用好过渡色。

4）处理手法

运用不同的处理手法，不仅可以使画面出现丰富的变化，也可以使丰富多样的造型变得统一。

三、服饰图案的功用

在服饰文明的初始阶段，人类就具有用服饰来表达、传递观念与情感的意识。服饰图案因其直观、形象、富于表现力而成为人类记述生活、表达情感的有效工具。通过人们长期的实践与积累，服饰图案在形成与演变中逐渐具备了符号的性质，发挥着标志、象征、指意和抒情的功能。正是基于人类表达自我和认识世界的愿望，并有意识地创造和运用着服饰图案，才使服饰图案成为人类生活中重要的符号之一。服饰图案的主要功用如下。

1. 修饰作用

服饰图案主要有装饰、弥补、强调的作用。

2. 象征和寓意

（1）象征是借助实物间的联系，用特定的具体事物来表现某种精神或表达某一事理，如龙、麒麟、狮子象征权力，民艺中的"桃子"象征长寿等。（图1-72和图1-73）

图1-72 苗族狮子方巾

图1-73 凤穿牡丹（张明建）

（2）寓意：服饰图案隐含或寄托的某种含义。（图1-74）

图1-74 肚兜上的蛙纹

3. 标识和宣传

服饰图案有符号作用和广告作用。（图1-75）

图1-75　大嘴猴具有装饰性的标识

4. 情感表达

图案有着很强的表述能力，能够表达情感或宣泄情绪。

四、服饰图案的设计原则

服饰图案的设计不同于一般图案的设计，除了遵循图案设计的总体创作原则"变化与统一"的基本规律之外，更多地应该与服饰的特性及功用相结合，掌握各种造型设计的基本艺术规律及其应用于服装之上的要求，将图案变化与服饰进行有内在联系的安排与调整。

1. 创造性原则

服饰图案的设计要具有创新性，利用设计形成具有新意的图案，或平面或立体，起到画龙点睛的作用。

2. 饰体性原则

饰体性是服饰图案契合着装者的体态而呈现的特性。

如图1-76所示，前胸处的立体大花朵是较为夺目的位置之一，与衣服同色系的立体花朵，层层叠叠、花团锦簇，整体质感非常轻盈和柔，色彩、面料结合服装造型给人的视觉享受难以言语。上装大胆采用透视的设计，肤色与下装色彩巧妙地呼应、配合，层叠交织、若隐若现，散发着如梦如幻之感。

3. 和谐性原则

时间与空间的和谐：服饰图案的设计须与当代的文化审美相和谐，与所处的空间环境相统一，给人以融合时代特征的感觉。

局部与整体的和谐：衣服上的花饰图案在各部分之间的位置、主次得到恰到好处的安排，使服装达到局部与整体的和谐。

精神与形式的和谐：如图1-77所示，线条飘逸流畅、色彩明快亮丽的长裙完美体现了汤唯的高贵气质，有人称穿上这些长裙的汤唯为"春之女神"。

图1-76　饰体性图案

4. 动态协调性原则

动态协调性是服饰图案随同装束展示状态的变动而呈现的特性。服装面料的褶皱、光影和明暗的肌理变化，服饰图案随之呈现运动状态，向观者展示出一种动态美。（图1-78）

图1-77　精神与形式和谐的服饰　　　　　　　图1-78　动态美的服饰图案（陈闻）

5. 可实现性原则

服饰图案的设计与所有的工艺美术设计一样，需要兼顾实用和艺术两个方面，图案设计得再好，如果不能实现，那也是纸上谈兵。服饰图案的实现与材质有很大关系，用什么样的材质实现什么样的图案设计，是设计师应该好好研究的课题。其中纤维艺术与服饰图案的设计密切相关，如三宅一生的服装，可以说是纤维艺术的设计，利用纤维实现了褶皱层叠的服装图案设计效果。（图1-79）

图1-79　多种材质的图案实现（Christopher Kane）

第三节
现代服饰图案的发展

　　服饰图案是服装设计的灵魂，是赋予服装的一种美的形式。人的审美爱好与信仰决定了图案的装饰题材、色彩和内容，决定了服饰的整体风格。服饰图案作为服饰设计个性特质的表征和审美意象的传达要素，其种种风格面貌会受时代审美文化的影响。随着服饰潮流的演变，人们的审美水平不断提高，服饰图案的发展也会出现不同的特点。

　　当今社会，网络化的信息交流加速，同样带动了流行的步伐。人们获取信息的渠道广、速度快，对于新、奇、异的事物的追求途径宽泛，以往产品的单纯款式、结构或材质的变化，并不能满足当今人们对个性的追求。人类审美的天性和审美的丰富性、差异性，必将导致服饰图案风格的多样化。因此，增加服饰图案的灵活的应变性，加强其表现性，在服饰设计中越来越重要。在现代社会，随着各民族间文化的日益融合和现代人审美心态的不拘一格，现代服饰图案呈现出前所未有的丰富性与多样性。

一、题材内容的变化

　　从题材内容来看，受表现手段的影响较大。随着电脑的普及和工艺技术的不断改进，设计所受的限制越来越小。现代服饰图案中，各类题材的无序叠加、图案的肆意变换，时有出现。完整的形象在市场中已不占主流，怪异形态的图案大行其道。现代服饰图案将传统的、现代的、精致的、豪放的、幽默的、夸张的、写实的、抽象的内容统统融合在一起，构成了现代社会一道亮丽的风景。传统的图案辅以新的工艺手法，给人耳目一新的感觉；电脑表现手法的介入及数码印花的发展，使图案的实现不再受阻。正是由于有了人们观念的转变以及工艺技术的进步，现代服饰图案在形式和内容上才会变得如此丰富多彩。（图1-80）

图1-80　现代服饰

二、处理手法升级带来的服饰图案的变化

从处理手法来看，由于人们对服装新、奇、特的要求日趋明显，传统的装饰手法显然不能满足人们的审美需求，因此人们便在图案的肌理、质感上做文章，以求新异。从近几年市场上流行的各类服装和服装面料大赛的作品来看，肌理图案的比重越来越大。肌理图案的表现形式已经从传统的单纯面料肌理变化，延伸到对图形的肌理处理，并且采用各种手法对服饰图案进行装饰，通过串、绣、烫钻、抽褶等多种工艺的变化来营造丰富的层次感，富有视觉、触觉效果的装饰感，营造富有质感变化的肌理效果。比如，同样的花卉造型，加上烫钻和刺绣，使其产生立体感和光感的变幻。

肌理图案在现代的服装设计中正在扮演着越来越重要的角色。针织物上的钩花、挑花，牛仔裤、裙装上的皱缩缝，棉、麻、丝织物上的贴绣、绗缝，等等，丰富的肌理变化及浮雕般的立体效果令服饰艺术感倍增。此外，手绘、蜡、扎染、水磨等工艺也被广泛地应用于服装面料，它们所形成的极具偶然性的视觉肌理效果深受人们喜爱。不同的表现技法，使得服饰图案的设计感和艺术感更强，图案肌理、材质的变化和雕、编、勒、锁、绣营造出来的立体感将图案形的变化和质感的变化巧妙地结合到一起，给服饰图案增加了美感，也增加了附加值。（图1-81）

图1-81 多材质的服饰图案

三、文化内涵的重视带来的变化

当今社会，随着国家对于文化产业的重视，服饰图案文化内涵不断得以加强。服饰图案的装饰、点缀，不仅仅能够及时、鲜明地反映人们的时尚风貌、审美情趣及心理需求。超越审美范畴而言，有些服饰图案可以作为一种象征，体现着文化精神或人文观念，甚至作为品牌标识来传达品牌理念。也就是说，服饰图案作为一种文化载体，承载着传承文化、传播精神的重任。

通过服饰图案，人们宣泄着自己的情绪、表达着自己的情感，服饰图案成为设计师和着装者表达个性的重要手段之一。

随着社会意识形态的转变，人们的观念发生了极大转变，加之工艺技术的提高，服饰图案的实现变得轻而易举，服饰图案越来越受到人们的重视。随着社会分工的精细化及商品的产业化，服饰图案设计已逐渐成为新型的专业，服饰图案设计业成为一个专门的行业，由此更加促进了服饰图案设计的发展。

第二章

服饰图案的色彩

FUSHI TU'AN DE SECAI

　　"远取其势，近取其质"，远观服饰，首先看到的是服饰的色彩，色彩是服饰最重要的组成要素，色彩也是服饰图案设计的设计要素，由此可以看出色彩的重要性。从色彩的产生、形成、感知、理解、表达、运用等方面对色彩进行全方位的把握，并结合人们的生理、心理及社会环境等多方面加以综合考量，才能在设计中对色彩运用自如。（图2-1至图2-3）

图2-1　丰富的服饰图案色彩一

图2-2　丰富的服饰图案色彩二

图2-3　丰富的服饰图案色彩三

第一节
图案色彩的基本原理

一、色彩的三要素

色彩的三要素具体指的是色彩的色相、纯度、明度，它们有不同的属性。

1. 色相

顾名思义，色相就是色彩的相貌、长相，它是色彩的最主要特征，是色彩的一种最基本的感觉属性。

波长不同的光波作用于人们的视网膜上，人们便产生了不同的颜色感受。色相具体指的是红、橙、黄、绿、青、蓝、紫。它们的波长各不相同，其中：红、橙、黄光波的波长较长，对人的视觉有较强的冲击力；蓝、绿、紫光波的波长较短，冲击力弱。色相主要体现事物的固有色和冷暖感。（图2-4）

2. 纯度

纯度是色彩的饱和程度或色彩的纯净程度，是我们对色彩在鲜艳程度上做出评判的视觉属性，又称为彩度、饱和度、鲜艳度、含灰度等。

色彩的纯度体现事物的量感，纯度不同，即高纯度的色和低纯度的色表现出事物的量感就不同。红、橙、黄、绿、青、蓝、紫七种颜色纯度是最高的。每一色中，如红色系中的橘红、朱红、桃红、曙红，纯度都比红色低些，它们之间的纯度也不同。（图2-5和图2-6）

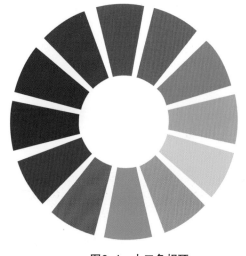

图2-4 十二色相环

图2-5 色彩纯度（茅伟）

图2-6 色彩纯度（张佳宁）

3. 明度

明度即色彩明暗深浅差异程度，是我们可以区分明暗层次的非彩色觉的视觉属性。

色彩的明暗层次取决于亮度，所有的颜色都有明与暗的层次差别。这里层次就是"黑""白""灰"。在红、橙、黄、绿、青、蓝、紫七色中，最亮的是黄色、橙色，绿色次之，红色、青色再次之，最暗的是蓝色与紫色。色彩明度的变化即深浅的变化，就使得色彩有层次感，出现立体感的效果。（图2-7）

图2-7 色彩明度（茅伟）

二、色彩的分类

色彩分为原色、间色、复色、补色四类。

1. 原色

原色亦称第一次色（primary color），是指能混合成其他色彩的原料，即不能通过其他颜色的混合调配而得出的"基本色"，也称三原色。红、黄、蓝三色之所以被称为三原色，就在于这三种颜色是调配其他色彩的来源。以不同比例将原色混合，可以产生其他的新颜色。（图2-8 和图2-9）

| 红 | 蓝 | 黄 |

图2-8 原色 　　　　　　　　　　　　　图2-9 原色的运用

以数学的向量空间来解释色彩系统，则原色在空间内可作为一组基底向量，并且能组合出一个"色彩空间"。一般来说，叠加型的三原色是红色、绿色、蓝色；而消减型的三原色是品红色、黄色、青色。在传统的颜料着色技术上，通常红、黄、蓝会被视为原色颜料。

2. 间色

间色亦称第二次色（secondary color），是两种原色调和产生的色彩，即（品）红、（柠檬）黄、（不鲜艳）蓝三原色中的某两种原色相互混合的颜色。三原色中的红色与黄色等量调配就可以得出橙色，黄色与蓝色等量调配则可以得出绿色，而把红色与蓝色等量调配得出紫色，即红＋黄＝橙，黄＋蓝＝绿，红＋蓝＝紫。（图2-10）

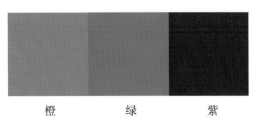

橙　　　　　绿　　　　　紫

图2-10　第二次色

当然，三种原色混合调出来就是近黑色。在调配时，原色在分量上稍有不同，就能产生丰富的间色变化。《礼记·玉藻》云："衣正色，裳间色。"（图2-11）

图2-11　第二次色的运用

3. 复色

复色亦称第三次色（tertiary color）、次色或三次色。复色是用原色与间色相调或用间色与间色相调而成的。复色是最丰富的色彩家族，千变万化，丰富异常，复色包括除原色和间色以外的所有颜色。复色可能是三个原色按照各自不同的比例组合而成的，也可能由原色和包含另外两个原色的间色组合而成的。

因为复色含有三原色，所以含有黑色成分，纯度低。（图2-12和图2-13）

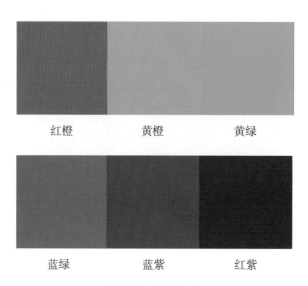

| 红橙 | 黄橙 | 黄绿 |
| 蓝绿 | 蓝紫 | 红紫 |

图2-12　第三次色

图2-13　第三次色的运用

4. 补色

补色又称互补色〔complementary color〕、余色、强度比色。

三原色中的一个原色与其他两原色混合成的间色关系即互为补色的关系。如原色红与其他两原色黄、蓝所混合成的间色绿，为互补关系。在色环上，任何直径两端相对之色都称为互补色。（图2-14）

一种特定的色彩总是只有一种补色，做个简单的实验即可得知。我们用双眼长时间地盯着一块红布看，然后迅速将眼光移到一面白墙上，视觉残像就会感觉白墙充满绿（青色）味。这种视觉残像的原理表明，人的眼睛为了获得自己的平衡，总要产生出一种补色作为调剂。（图2-15）

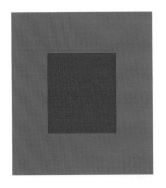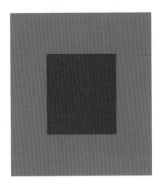

图2-14 补色

图2-15 补色的运用

图2-16 暖色服饰一(来源:穿针引线)

三、色彩的情感

色彩的本身并无固定的情感和象征意义,但色彩的视觉心理感受与人们的情绪、意识及对色彩的认识紧密关联,从而会引起人们的联想和感情共鸣,并由此产生对色彩的好恶感受和色彩的象征意义。虽然色彩引起的复杂感情是因人而异的,但由于人类生理构造和生活环境等方面存在着共性,因此对于大多数人来说,无论是单一色,还是混合色,在色彩的心理方面,都存在着共同的感情。

色彩的感情通常是指不同波长色彩的光信息作用于人的视觉器官,通过视觉神经传入大脑后,经过思维,与以往的记忆及经验产生联系,从而形成一系列的色彩心理反应。

(一) 色彩的感觉

1. 色彩的冷暖感

色彩本身并无冷暖的温度差别,是视觉色彩引起人们对冷暖感觉的心理联想。

暖色:人们见到红、红橙、橙、黄橙、红紫等颜色后,就会联想到太阳、火焰、热血等物象,产生温暖、热烈、危险等感觉,进而产生冲动情绪。(图2-16至图2-18)

图2-17 暖色服饰二(来源:穿针引线)

图2-18 暖色服饰三

冷色：蓝、蓝紫、蓝绿等颜色，容易让人联想到太空、冰雪、海洋等物象，进而产生寒冷、理智、平静等感觉。（图2-19和图2-20）

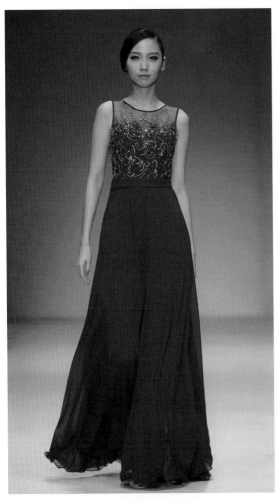

图2-19　冷色服饰一（来源：名瑞）　　　　　　　　图2-20　冷色服饰二

色彩的冷暖感觉，不仅表现在固定的色相上，而且在比较中还会显示其相对的倾向性。由此我们可得出这样的结论：凡是带红、橙、黄的色调都偏暖，凡是带蓝、青的色调都偏冷。色彩的冷暖与明度、纯度密切相关。明度高的色彩一般有冷感，明度低的色彩一般有暖感。纯度高的色彩一般有暖感，纯度低的色彩一般有冷感。无彩色系中的白色有冷感，黑色有暖感，灰色居中。

2. 色彩的轻重感

色彩的轻重感一般由明度决定。物体表面的色彩不同，看上去也有轻重不同的感觉，这种与实际重量不相符的视觉效果，称为色彩的轻重感。

感觉轻的色彩称为轻感色，如白、浅绿、浅蓝、浅黄等高明度色彩，具有轻感，它使人联想到蓝天、白云、彩霞、花卉及棉花、羊毛等，产生轻柔、飘浮、上升、敏捷、灵活等感觉。

感觉重的色彩称为重感色，如藏蓝、黑、棕黑、深红、土黄等低明度色彩，具有重感，可使人联想到钢铁、大理石等物品，产生沉重、稳定、降落等感觉。

白色最轻，黑色最重；低明度基调的配色具有重感，高明度基调的配色具有轻感。

在服装设计中应注意色彩轻重感的心理效应，如服装上白下黑给人一种沉稳、严肃之感，而上黑下白则给人一种轻盈、灵活感。（图2-21）

图2-21　色彩的轻重感（来源：穿针引线）

3. 色彩的软硬感

色彩的软硬感觉主要来自色彩的明度，但与纯度也有一定的关系。

明度越高感觉越软，明度越低则感觉越硬。明度高、纯度低的色彩有软感，中纯度的色彩呈柔感，易使人联想起骆驼、狐狸、猫、狗等许多动物的皮毛。

高纯度和低纯度的色彩呈现硬感，明度越低，则硬感越为明显。

强对比色调具有硬感，弱对比色调具有软感。

色相与色彩的软硬感几乎无关。

在女性服装设计中，为体现女性的温柔、优雅、亲切，宜采用软感色彩；而男性服装和职业装或特殊功能服装，宜采用硬感色彩。（图2-22）

图2-22　色彩的软硬感（Isabel Marant）

4. 色彩的距离感

色彩的距离感即色彩的前、后感觉。

不同波长的色彩在人眼视网膜上的成像有前后：红、橙等光波长的色彩在后面成像，感觉比较迫近；蓝、紫等光波短的色彩则在外侧成像，在同样距离内感觉就比较靠后。

实际上这是视错觉的一种现象，一般暖色调、纯度高、明度高的色彩和强烈对比色、大面积色、集中色等有前进感觉，冷色调、浊色、低明度色、弱对比色、小面积色、分散色等有后退感觉。颜色的明度不同，产生的距离感也不同。（图2-23）

图2-23 色彩的前进感和后退感(Dior)

5. 色彩的大小感

由于色彩有前后的感觉，因而暖色、高明度色等有扩大、膨胀感，冷色、低明度色等有显小、收缩感。色彩的大小会令色彩的对比产生一种生动的效果，在大面积的色彩的陪衬下，小面积的纯色会有特别的效果。（图2-24）

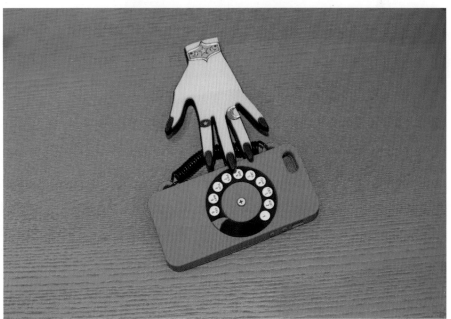

图2-24 具有独特效果的小面积色彩

按大小感觉的划分，色彩的排列顺序为：红、黄、橙、绿、蓝、青。充分利用色彩的大小感觉是服饰图案设计中常见的一种表达方法。

6. 色彩的华丽、质朴感

色彩的华丽、质朴感与纯度关系最大，其次与明度有关，再次与色相关联。

鲜艳而明亮的色彩具有华丽感，浑浊而深暗的色彩具有朴素感。有彩色系表现华丽感，无彩色系表现朴素感。运用色相对比的配色具有华丽感，其中补色配色最为华丽。强对比色调具有华丽感，弱对比色调则体现出质朴、古雅的感觉。从质感上来看，质地细密而有光泽的色彩给人以华丽的感觉，质地疏松、无光泽的色彩则给人以朴素的感觉。（图2-25和图2-26）

图2-25　华丽的色彩感

图2-26　质朴的色彩感（陶陶）

7. 色彩的兴奋与平静感

色彩的兴奋与平静感也称为色彩的积极与消极感，和色相、明度及纯度都有关系，其中尤以纯度影响最大。

纯度高的色彩自然很不稳定，平静也就谈不上了，同时还与色相的冷暖感有关。红、橙、黄等暖色是令人最兴奋积极的色彩，而蓝、蓝紫、蓝绿让人沉静而消极。在纯度方面，高纯度的色彩比低纯度的色彩刺激性强，给人以积极的感觉；在明度方面，明度高的色彩比明度低的色彩刺激性大。因此，低明度的色彩显得沉静，高明度的色彩要来得积极些。无彩色中，低明度最消极。在色环中的暖色系中，明亮而鲜艳的颜色给人以兴奋感，深暗而浑浊的颜色给人以沉静感。（图2-27）

积极向上的色彩能使人产生一种兴奋、热烈、努力进取和富有生命力的心理效应，例如国旗的色彩；消极的色彩则适合于表现一种沉静、郁闷和失落的心理效应。（图2-28）

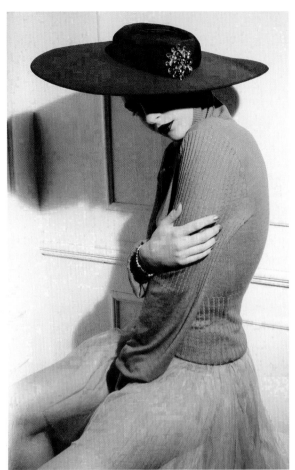

图2-27 平静感的色彩

图2-28 兴奋感的色彩

色彩的兴奋与平静感也有其社会学因素，由于政治、经济、历史、文化、宗教信仰和风俗习惯不同，不同国家、民族对色彩的心理效应是有所不同的。这就要求我们对待不同的物象要有不同的创意，以适合不同的人群，不能一概而论。

（二）色彩的联想与象征

通常人们见到某一色彩，都会产生许多联想，这种因某种机会而仍然出现的色彩，我们就称之为色彩的联想，色彩的联想是通过过去的经验、记忆或知识获取的。

色彩的联想可分为具象联想与抽象联想，如：红色可使人具体联想到火焰、血液、太阳，抽象联想到热情、危险、活力等；黄色可以使人具体联想到光、柠檬、迎春花等，抽象联想到光明、希望、快活等。色彩的联想经过多次的反复，几乎固定了它们专有的表情，于是该色就变成该事物的象征。

红色：强有力、喜庆的色彩，具有刺激效果，容易使人产生冲动，是一种雄壮的精神体现，使人产生愤怒、热情、活力的感觉。

橙色：一种激奋的色彩，具有轻快、欢欣、热烈、温馨、时尚的效果。

黄色：亮度最高，有温暖感，具有快乐、希望、智慧和轻快的个性，给人灿烂辉煌的感觉。

绿色：介于冷、暖色中间，显得和睦、宁静，给人健康、安全的感觉。和金黄、淡白搭配，产生优雅、舒适的气氛。

蓝色：永恒、博大，最具凉爽、清新、专业的色彩。和白色混合，能体现柔顺、淡雅、浪漫的气氛，让人感觉平静、理智。

紫色：给人神秘、高贵的感觉。

黑色：具有深沉、神秘、寂静、悲哀、压抑的感受。

白色：具有洁白、明快、纯真、清洁的感受。

灰色：具有中庸、平凡、温和、谦让、中立和高雅的感觉。

第二节
服饰图案的色彩搭配

一、色彩的配合

1. 同类色相配色

同类色相：配色关系处在色相环上 30°以内，是一种色相差很小的配色。同类色相配色可以产生极为雅致、凉爽、轻快之感。色相调性极为明确，其统一感有余，而变化感不足。处理不好，易显得模糊、朦胧、单调、乏味。只有加大其色相之间的明度差、纯度差，才能使其视觉效果更好。（图 2-29 和图 2-30）

2. 类似色相配色

类似色相：配色关系处在色相环上 60°以内，这种配置关系可形成色相弱对比关系。其特点是：由于色相差较小而容易产生统一谐调之感，容易形成和谐、雅致、柔和、耐看的视觉效果。色相调性也极为明确。但是，如果将色相差拉得太小，明度及纯度差使用不到位，会使色彩显得单调、乏味。因此，这种服装色彩配置，首先要注意变换对比因素，注意色相差、明度差及纯度差的距离。（图2-31）

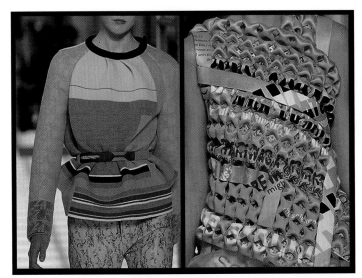

图2-29　同类色相一

图2-30　同类色相二

图2-31　类似色相（黄秀荣）

3. 邻近色相配色

邻近色相：配色关系处在色相环上90°左右。色彩对比是介于色相强对比和弱对比之间的中等差别的对比关系。这种服装组合后的视觉效果，较前两种形式对比因素加强了，具有较鲜明、明快、活泼、热情、饱满的特点。但是，如果处理不好，很容易引起不协调或不统一之感，设计时一定要注意面积主次关系及适度的明度及纯度变化。（图2-32和图2-33）

4. 对比色相配色

对比色相：配色关系处在色相环上120°至150°之间。这种配色可形成色相较强的对比关系。其配色特点及视觉效果是：对比双方或多方使其各自色相感鲜明，色彩显得饱满、丰富而厚实，容易达到强烈、兴奋、明快的视觉效果。然而，这些鲜明的色彩个性和对比性，极容易使色彩配合产生不统一感或杂乱感。因此，这种服装配色，首先要注意其统一调和的因素。具体设计时，还要注意控制各自的色量、位置、面积、明度、纯度等综合关系，使其在变化对比中统一起来。（图2-34和图2-35）

图2-32 邻近色相一　　　　　　　　　　　图2-33 邻近色相二

图2-34 对比色相一　　　　　　　　　　　图2-35 对比色相二

5. 补色色相配色

　　补色配色关系是处在色相环上 180° 的色相关系，其配色效果可形成色相上最强的对比关系。其配色后的特点是：极容易产生富有刺激性的视觉效果，色感饱满、活跃、生动、华丽，变化感有余而统一感不足。因此，设计时如果处理不好，很容易形成不安定、不含蓄和过分刺目的视觉效果，这就需要进行调和处理。补色的配色，可通过改变面积大小、位置、比例关系等改变其对比冲突，也可适当与金、银、黑、白、灰等无彩色进行协调配色，使其对比冲突减弱。若处理得当，可使互补色的双方既互相对立，又互相满足，相互能使对方在达到最大鲜明性的同时，使视觉感受达到十分满足的意味。（图 2-36 和图 2-37）

图2-36 补色一　　　　　　　　　　　图2-37 补色二

二、色彩的层次与主调

色彩的层次其实就是一种引导人们视线的方法。服饰图案的色彩通常会因明度的高低不同，形成不同的层次，通常会由底色、底纹和浮纹来体现。

服饰图案的层次一般可分为三种情况：高明度的底色配上低明度、中明度的纹样，低明度的底色配上高明度、中明度的纹样，中明度的底色配上高明度、低明度的纹样。（图 2-38 至图 2-41）

图2-38 亮底亮花与重灰色（卢泳铟）　　　　图2-39 重底色的中灰度纹样（马铭）

图2-40　灰底色的纹样色彩（谭毅斌）　　　　　　　　　　图2-41　重底色的亮色纹样

主调又称主导色，它是以某一色彩为主的配色，通常面积占画面的70%，与之相对应的还有辅助色和点缀色。一个完整的画面通常是由这三个方面的色彩构成的。

调性是指一组配色或一个画面总的色彩倾向，它包括明度、色相、彩度的综合因素，而不是简单地偏红偏绿。主调的配色是实用设计中更为整体的一种方法和手段，它的目的是创造不同的色彩气氛（或称色彩风格）。

1. 以明度调子为主调的配色

以明度调子为主调的配色充满了清晰感、层次感，富有理性的秩序，是三个调子中最基础的调子。与色相调子比，明度调子的这种条理感更为内在。（图2-42至图2-45）

以明度调子为主要表现价值的配色，要注意避免色相的杂乱，色彩度也不宜过高，应选用与之相适应的中彩度色或低彩度色，以充分展示其明度对比的魅力。明度调子可造成软弱的、强烈的、明快的、朦胧的、压抑的等不同心理效应。

图2-42　亮色调　　　　　　　　　　　　　　　　　　图2-43　暗色调（付俊川）

图2-44　中间色调（刘伟婷）　　　　　　　　　图2-45　灰色调

2. 以色相调子为主调的配色

色相调子是建立在色性之上所要考虑的总的色味倾向和色相对比度，可以说，色彩含有的全部意义有大部分会在这里得以展现，色彩所孕育的感情、力量也都在这里得以表达。色相调子的确立，就是情绪、性格、心理感觉的确立。在三个调子中，它是最强烈、最直接、最亲切、最出效果的调子。

色相调子并非单指简单地用一个色来统一画面。它包括统一、柔和的色相弱对比调子，活泼、兴奋的色相强对比调子；透明、理智、流动的冷色调，热烈、刺激、饱满的暖色调，等等。无论哪种调子，总是以一两个颜色为主色，其他颜色与之协调，或同类，或邻近，或对比，所造成的心理效应则是全然不同的。（图 2-46 至图 2-49）

在理解和处理色相调子时，将复杂的色彩关系划分为冷、暖两大系统，以此来控制和维持一切色相的秩序，不失为一个好办法。

以色相调子为主调的配色，其明度关系应该建立在该色相原有明度基础之上，这样，此色相才能发挥出最佳的表现价值。

图2-46　暖色调　　　　　　　　　　图2-47　冷色调（丛林风情　詹独伊）

图2-48 冷暖色调兼而有之(快活的丛林 丁立萍)

图2-49 保持色相明度的配色

图2-50 高纯度色彩组合(黄盼盼)

3. 以彩度调子为主调的配色

彩度调子是指由色彩的鲜、浊构成的配色关系。无论是绘画色彩还是设计色彩,应用最多的还是调和过的色彩。彩度调子还与色味有关,是一种给色彩以微妙变化的调子。

彩度调子的确定要依配色目的来进行,高彩度调子强烈、浓艳,富有生气和活力,有单纯感,但是易显得简单、幼稚;中彩度调子饱满、浑厚,色感强但又不失稳重;低彩度调子朴素、含蓄、柔和,富有修养,略带成熟气质,但缺乏个性,显得平淡。因此,搭配中如何将两者结合,如灰色调套装配上鲜艳的围巾、俏丽的玫瑰红上衣配上灰色的裙子,都是具有魅力的色组。(图2-50至图2-52)

以彩度调子为主要表现价值的配色,其明度尽量保持在较一致的情况下,这样,彩度的特征才能得以发挥。

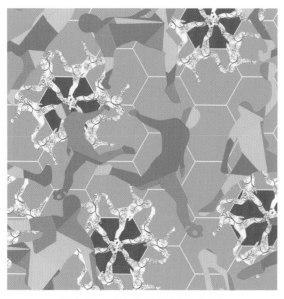

图2-51 含灰色彩组合(陶小月)

图2-52 含灰色彩与纯色组合

三属性的调性各不相同,但它们又相互依存、相互作用。要想使画面完美、和谐,只有将明度、色相、彩度调子同时进行考虑才能够实现。

第三节
服饰图案与流行色

一、流行色的概念

流行色的英文是 fashion color,意为时髦的、时尚的色彩,是指在一定的时期和地区内,被大多数人所喜爱或采纳的几种或几组时髦的、受到广泛喜爱的色彩,亦即合乎时尚的颜色。

流行色来源于人们对色彩的爱好,人们的爱好又受到某一时期、一定社会的政治、经济、文化、环境和人们心理活动等因素的影响,是政治、经济、技术,以及文化艺术和社会风尚思潮等各种因素影响下的综合产物。人们对色彩的爱好常常随着时间和地点的变化而发生变化,一般流行色在一个地区往往流行 2~3 年。流行色有两类:经常流行的常用色、基本色,流行的时髦色。

流行色的变化是根据色彩视觉生理上平衡和补充的原理发生的,因而流行色的变化往往是向相对应的补色方向发展,并常在一定期间做周期性的变化。根据近年来的分析研究,流行色常以十几年为周期发生变化,一般是从浅淡明亮的色彩向浓艳强烈的色彩变化,再向灰暗色变化,然后再度反复。

二、流行色的作用

流行色在一定程度上对市场消费起到积极的指导作用,并处处在商业设计中彰显着特别的魅力,尤其是在服装、包装、广告、平面等各种设计中发挥着至关重要的作用。流行色用最低的成本创造最高的附加值,创造不可估量的经济效益,流行色的应用是商业设计的灵魂。

三、流行色的预测原理

流行色的预测涉及自然科学的各个方面,是一门可预测的综合性学科,人们经过长期的探索和不断的研究,从科学的角度总结出了预测分析流行色的一套理论系统。主要从以下几个方面进行预测分析。

1. 时代论

当一些色彩结合了某些时代的特有特征,符合大众的认识、理想、兴趣、欲望时,这些具有特殊感情力量的颜色就会流行开来。如近些年环境污染的不断加剧,使海洋色、水果色、森林色成为大众所喜好的颜色。

2. 自然环境论

随着季节的变化和自然环境的变化对人的影响,不同季节的人们喜爱的颜色也随着环境的变化而改变。国际流行色协会发布:春夏季的流行色比较明快,具有生气;而秋冬季的流行色则比较深沉、含蓄。

3. 生理、心理论

从色彩心理学的角度来说,一些与以往的颜色有区别的颜色出现时,一定会吸引人们的注意,引起人们的兴趣。

4. 民族、地区论

各个国家、各个民族的人们由于政治、经济、文化、科学、艺术、教育、宗教信仰、生活习惯、传统风俗等因素的不同，所喜爱的色彩也是千差万别的。

5. 优选论

从前一年的消费市场中找出主色，以构成下一年的流行色谱，这是因为色彩的流行常带有惯性的作用，这种观点是建立在市场统计的理论基础之上的。

四、流行色的主要组织

世界上许多国家都成立了权威性研究机构，担任流行色科学的研究工作，如伦敦的英国色彩评议会、纽约的美国纺织品色彩协会及美国色彩研究所、巴黎的法国色彩协会、东京的日本流行色协会等。我们主要详细介绍一下几个机构。

1. 国际流行色协会

国际流行色协会，是国际上具有权威性的研究纺织品及服装流行色的专门机构，全称为 International Commission for Color in Fashion and Textiles，简称 Inter Color，由法国、瑞士、日本发起，成立于 1963 年，主要是研究和预测 18 个月后的流行色，供参加国作为设计参考。国际纺织品展览会和服装展览会也做流行色的预报。

国际流行色协会主要成员是欧洲国家的流行色组织，亚洲有中国、日本，中国纺织品流行色调研中心和丝绸流行色协会成立于 1982 年，于 1983 年以中国丝绸流行色协会的名义正式加入国际流行色协会。

2. 《国际色彩权威》

《国际色彩权威》全称为 International Color Authority，简称 ICA。该杂志由美国的《美国纺织》、英国的《英国纺织》、荷兰的《国际纺织》三家出版机构联合研究出版，每年早于销售期 21 个月发布色彩预报，春夏及秋冬各一次，预报的色彩分成男装、女装、便服、家具色，其发布的流行色色卡经过专家们的反复验证，其一贯的准确性为各地用户所公认。

3. 国际羊毛局

国际羊毛局全称为 International Wool Secretariat，简称 IWS，成立于 1937 年，由主要产羊毛的国家和地区组成，总部设在伦敦，在其他国家设立了 30 多个分支机构，研究羊毛制品质量的提高、提高羊毛对其他纤维的竞争地位。

4. 国际棉业协会

国际棉业协会全称为 International Institute for Cotton，简称 IIC。国际棉业协会系 1966 年由主要棉花出口国所创立，目的在于通过对进口棉花的地区进行研究和推销工作，以维护棉花在世界贸易中的牢固地位。

该组织与国际流行色协会有关系，专门研究与发布适用于棉织物的流行色。

5. 日本流行色协会

日本流行色协会全称为 Japan Fashion Color Association，简称 JAFCA。该协会成立于 1953 年，日本是亚洲成立国家性流行色协会最早的国家，也是 20 世纪 50—80 年代亚洲唯一有流行色组织的国家。

日本流行色协会成立的时代背景与我国 20 世纪 50—60 年代纺织品生产、销售的情况有许多相似之处。发动侵略战争的国家日本成为一个战败国，国内百业凋零。在战后的恢复时期，日本实行了出口与内销分离的政策，特别是纺织品的销售更是如此。

到 20 世纪 40 年代末期，日本经济有了较快增长，人民生活开始好转，对衣着的要求也提高了很多，完全依靠内销纺织品的花色已不能满足人们的要求，于是出现排队购买出口转内销的花色布的现象。这引起了生产者的重视，开始派人员到欧美市场上购买印花纸样（印花图案），这样一方面可满足出口的需要，同时也满足了内销市场的需求。经过几年的运作，业内人士认识到，这种单兵作战的情况，实际上不利于日本纺织业的发展。为了更好地指导、规范纺织品花色市场，应该对纺织品色彩的变化进行研究，找寻规律，只有规范化、科学化的色彩管理，才能适应社会经济的发展和人们的需求。

1953年，日本通产省组织有关各方成立了日本流行色协会。该协会成立后和日本色彩研究所在一起办公，以期互动，并尽快对色彩从科学的角度进行认识、研究和管理。该协会的成员有流行色预测的制造业者，百货公司、研究机构、经验丰富的设计家、色彩学家、统计学者、计量学家等。所以，日本流行色的选定和欧洲流行色的选定最大的不同之处是，日本流行色由各方面的专家集体商定，而欧洲流行色则由色彩专家个体选定；两者的相同之处则是选定的色彩都有广泛的社会调查基础。

6. 中国流行色协会

中国流行色协会是由全国从事流行色研究、预测、设计、应用等机构和人员组成的法人社会团体。1982年经民政部批准于上海组建，初名中国丝绸流行色协会，1985年改为现名，最早几年致力于丝绸色彩的开发，1983年代表中国加入国际流行色委员会，为成员国。中国流行色协会作为中国科学技术协会直属的全国性协会，挂靠中国纺织工业协会，现主要任务是调查国内外色彩的流行趋向，制订18个月后的国际流行色预测，发布中国的流行色预报，出版流行色色卡。

五、流行色在服装中的应用

流行色在服装中的应用需要从以下三个方面入手。

1. 流行色与穿着对象

服装是由人来穿着的，而人是环境的主体，所以服装的色彩及图案应该是以人为本进行造型和设计的。不同年龄、性格、修养、兴趣与气质的人，在不同的社会、政治、经济、文化、艺术、风俗和传统生活中，所受的影响是不一样的，必然对流行色的感受也是不同的。比如：历代皇室赋予黄色的特殊意义，使其显得雍容华贵；而在基督教信徒中，却认为是叛徒犹大的服装色彩而觉得黄色是耻辱的。因此，服装的流行色，应该针对不同的人群有针对性地定位方可。

另外，还可以根据各地区人种的特点，与他们的肤色、发色相结合进行服饰图案的设计；穿着者的内在气质、外貌特征、社会地位也是服饰图案设计需要考虑的因素。

2. 流行色应用与不同地区的关系

色彩在不同的地区有着不同的禁忌，这跟当地的民俗风俗有着密切的联系，流行色在服饰图案设计中，需要考虑各地区的民俗、宗教、地理环境，流行色须与当地的人文环境和自然环境相协调，与当地的建筑环境相匹配。（图2-53）

图2-53 具有浓郁宗教意味的服饰色彩

另外，流行色须与当地消费者的需求和社会环境以及文化的发展变化相结合，流行色彩会因国家不同、地区不同、民族不同及当地民俗风俗习惯的不同而存在一定的差异和变化，实际上还受社会性、时代性、季节性、民族性的影响和制约，并与自身的演变规律有着不可分割的关系。（图2-54至图2-56）

图2-54　苗族服饰

图2-55　维吾尔族服饰的艾德莱斯绸

图2-56　具有民族色彩的苗族服饰图案

3. 流行色应用与服装服饰的关系

流行色是受时间、空间及社会环境影响和制约的，流行服装必然使用流行色，流行色运用到包括服装在内的各个行业。

现在是一个多元化的社会，人们对于时尚的追求也呈现出百花齐放的特点：传统的、现代的、前卫的、新潮的，各种新观念、新意识，以及各种新的表现手法，多样性、灵活性和随意性，使人们对于时尚的追求不同于以往任何一个时代。人们通过服装的色彩及图案所表现出来的视觉效果，宣泄着一种情绪，表达着一种生活态度和观念。（图2-57）

因此，服饰图案设计师对于色彩的把握要准确到位，对于流行色在服饰图案设计中要灵活运用，使流行色与服装的款式、材质、纹样巧妙地结合起来，共同诠释人们对美的追求，共同营造一种全新的服饰文化，通过服饰这种物质载体，体现一种内在的、精神的文化内涵，把流行色与服饰艺术巧妙结合，实现服饰功用性与文化性的双重功能。

图2-57　充分展现个性的色彩及图案（Victoria's Secret）

第三章

服饰图案的表现

FUSHI TU'AN DE BIAOXIAN

服饰图案作为服装服饰的灵魂，其造型结构和表现技法同等重要。好的图案造型设计，辅以相应的表现技法，才能使服饰图案发挥得淋漓尽致。

第一节
服饰图案的造型设计

将图案应用于服装面料和服装成衣上，并非把物象的写实状态直接应用，而是运用一些艺术手段对物象进行提炼与艺术加工，创作出各类抽象的、具象的图案形式。

一、提炼法

在不失去自然形象特征的前提下，对物象进行归纳，去繁求简，使得物象更加单纯、生动。如图3-1所示，对小猫的外形进行简要的概括归纳，辅之以浪漫的粉色，一个趣味横生的图案就跃然纸上了。图3-2则利用简要的线条把小鸟的形态、神态很好地表达出来，使得图案具有力量美。

图3-1　块面提炼

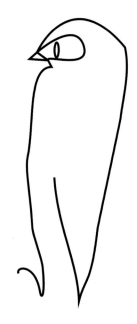

图3-2　线条提炼

二、夸张法

夸张：对物象的外形、神态、动作、组成结构等进行适度的强化、突出，抓住形象的典型特征。如图3-3所示，此图案以特殊的视角表现城市钢筋水泥建筑的拥挤，但同时又以亮丽的色彩表现出了城市温柔可爱的一面，整个图案体现出钢筋水泥背后五彩缤纷的生活，用于服饰能够很好地诠释时代特征。图3-4以线描的手法描绘了丛林的变幻多姿，使得丛林具有了独特的情致。

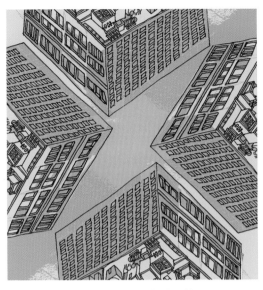

图3-3 缤纷城市（彭斌）　　　　　　　　图3-4 丛林（于慧）

三、添加法

运用添加的手法进行图案造型，实则就是将一些本身关联或无法关联的纹样搭配在一起，这样就丰富了纹样的造型形态，增强了纹样的装饰性。有时并不是想表达某种意义，而是为了让图案造型更加丰富、美观。比如图3-5，以长颈鹿为图案的造型主体，在其体形内部添加叶子图形，使图案更加丰富，表现更加可爱。图3-6是传统的书法体"福"字，其中添加了蝴蝶、花卉、元宝、铜钱、鲤鱼、金鱼、石榴等纹样，赋予"福"更为丰富、吉祥的寓意，同时也起到了丰富物象、充实画面的效果。

图3-5 花儿与鹿　　　　　　　　　　　图3-6 福

四、透叠法

通过两种或两种以上的形态，整体或局部的重叠，前面的形态可做透明体处理，即透过前面的形态看到后面的形、线、色。前后结合,形成第三种新的形态。新的形态加强和丰富了画面,充实了图案的表现力。比如:图3-7就是将几种几何体的工具箱变形纹样叠加在一起,通过色彩渐变、透叠,产生了多层次、色彩丰富的效果;图3-8则是将几何图案层与渐变线形、渐变圆圈层层重叠,通过全透与半透结合的手法丰富了此款图案的效果。

图3-7　透叠法(旅行的意义　张健)　　　　　　　图3-8　透叠法(唐音　殷婷玉)

五、重复和连续法

　　服饰图案并不是孤立存在的单独纹样,绝大部分图案实际上是由一个或多个小单元图案组成的,有规律性地多次运用单元图案,可以达到丰富的表现效果,这种表现手法就是重复与连续。(图3-9至图3-11)

图3-9　重复与连续(丁春华)　　　　　　　　图3-10　重复与连续(童年的触感　刘方远)

六、拟人与拟物法

（1）拟人就是把物象的特征进行人为改变，把没有感情和思想的物象变得具备只有人才具有的行为能力，比如加入表情、动作等。例如：图3-12把企鹅看成人一般，身着礼服，开展体育运动；图3-13给太阳戴上眼镜，打上遮阳伞；图3-14、图3-15给小牛、兔子穿上衣服，戴上眼镜，这些都是运用拟人手法的经典案例。

（2）拟物就是将某物或文字做成另一物态的方式。在图案设计中，拟物有两种具体形式：把人当作物来表现、把甲物当作乙物来表现。如图3-16所示，将斑马的条纹绘制成羽毛状状，这就是运用了拟物的方法。

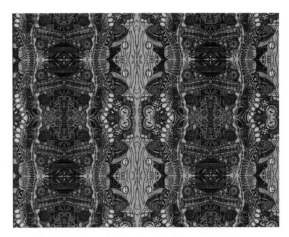

图3-11　重复与连续（Unique　李洋）

图3-12　运动的企鹅

图3-13　太阳与伞（来源：昵图网）

图3-14　Sailing

图3-15　好朋友

七、比喻与象征手法

比喻与象征就是将含有相似特点的两个物象进行相互替换（一般是用具象物象表现抽象物象），或者将具有吉祥寓意的纹样结合到一起的表现方法。比如鸽子代表和平，仙鹤代表长寿等。如图 3-17 所示，将金鱼与莲花通过装饰手法结合到一起，寓意"连年有余"。

图3-16　斑马

图3-17　连年有余

八、图形巧合法

图案的外形或造型恰好与某种物象相合或相同，产生特殊的视觉效果，如图 3-18 和图 3-19 所示。

图3-18　鱼

图3-19　利用图形特点设计的服装

九、强调（加强）法

在进行图案创作时，对事物固有的特性（如动物特有的动态、神态，植物花草的生长态势，建筑物的结构特点等）进行强调与突出表现，这种强调的手法是图案造型设计常用的手法之一。图 3-20 加强了头发的处理，图 3-21 强调了螺旋的造型。

图3-20　葫芦娃（李玲玲）

图3-21　五月的风（梁奇）

十、双关法

双关法是一种寓意手法，利用物象的多义和同音的条件，有意使图案具有双重意义，言在此而意在彼。双关可使图案表达得含蓄、幽默，而且能加深寓意，给人以深刻印象。双关分为两种：意义双关、谐音双关。图 3-22 寓意多子多孙的榴开百子。

十一、形态渐变

渐变的形式在日常生活中随处可见，是一种很普遍的视觉形象。图案的基本形不受自然规律限制，可以从甲变成乙，再从乙变成丙，每一个形象都可以从完整变成残缺，由简单至复杂，由具象变为抽象，即渐变成其他任何形象。

图3-22　榴开百子（张明建）

如将河里的鱼变成空中的鸟，将圆形变成三角形等。对图形的形状、方向、位置、大小、色彩、虚实等都可以进行渐变，渐变的形式给人很强的节奏感和审美情趣。

也可以利用绘画中透视的原理，将物体做近大远小的变化，比如公路两边的电线杆、树木，延伸至远方的铁轨枕木等，许多自然现象都充满了渐变的形式特点，由此形成许多有趣的画面。（图3-23和图3-24）

图3-23　圆形渐变（丁春华）

图3-24　位置渐变（丁春华）

第二节
服饰图案的表现技法

绘制服饰图案的技法变化多端，使得服饰图案的形式多样、变化无穷。选择服饰图案的表现技法，要充分考虑服装的材质、生产工艺和成本。随着科学技术的进步，一些新材料、新工艺手法的出现，将服饰图案的表现技法推向了创新的前沿。服饰图案设计的从业人员必须掌握基础的表现技法，在此前提下不断进行创新与实验，达到准确恰当地在服装上使用图案、为服装的整体效果增彩的水平。

一、手绘技法

1. 平涂法

平涂法是图案表现技法中最常用的技法之一。平涂法是将调好的色彩，均匀地、平整地涂在已画好的图形里。调色时应注意颜料的浓度，太干涂不开，太湿又涂不匀，颜料要干湿适度、浓淡均匀，否则会影响到画面的效果。平涂法是一种稳定的、均衡的、有节奏的造像技法，能塑造新的视觉形象。此法也是图案造型中最基本、最常用的表现技法，平、板、洁是其鲜明的艺术特征。（图3-25和图3-26）

图3-25 平涂法(贴布)

图3-26 平涂法(K 苏萌)

平涂有勾线平涂和无线平涂两种。勾线平涂是运用线面结合,内部色块平涂,外部轮廓勾线,装饰效果强烈(图 3-27)。无线平涂则是利用色块之间的色相、明度、纯度的对比关系形成图案（图 3-28）。

图3-27 勾线平涂(美韵 孙昊宇)

图3-28 无线平涂(丝巾 王超)

2. 渲染法

渲染法也叫晕染法,是将所需晕色的两种色彩先画到画面上,两色中间可适当留出空间,然后再用一支干净的、略带水分的笔将两色来回涂抹,直至得到所求效果。也可将两色在调色盘里调好,再涂到画面中。渲染法制作的效果有柔和、过渡变化自然、色彩层次多等优点。（图 3-29 和图 3-30）

3. 点绘法（泥点）

点绘法是在大面积色块平涂的基础上,以点为主,用点的疏密点缀于画面中,使形体得出虚实、远近的特殊

图3-29 渲染法（丁春华）

图3-30 渲染法（律动 胡玉）

变化效果。用色点绘制细部结构的变化，能形成色彩的空间混合效果，并具有立体感。点的大小尽量均匀，否则整体效果会受到影响。（图3-31和图3-32）

图3-31 点绘法（杨子）

图3-32 点绘法（鲍小龙）

4. 线描法

线描法是直接用线造型或者在色块平涂的基础上，用色线勾勒纹样的轮廓结构，可以使画面更加协调统一，纹样更清晰、精致。线条可以有各种形式的变化，如粗细、软硬、滑涩等。上色时，既可以不破坏线形，也可以有意地对线条进行似留非留、似盖非盖的顿挫处理，从而使线形更加富有变化。勾勒的线形依据艺术立意可粗可细，勾勒线条的工具可为毛笔、钢笔和蜡笔等。在图案中用不同特点的线进行勾勒，会得到不同的效果，增加画面的层次，协调画面的色彩关系。（图3-33和图3-34）

图3-33　线描勾勒一

图3-34　线描勾勒二

5.竖点法

　　严格来说，竖点法属于点绘的一种。此方法也是在大面积色块平涂的基础上，以单一色形式或者多色混合形式来表现物象的表现技法。具体操作工具是笔头平齐且具有弹性的水粉笔或化妆笔，用笔蘸取颜料，与画面垂直进行点绘。与泥点不同的是，色点以"片"出现，表现力更强。竖点按照物象的结构方向用点，否则会杂乱无章。（图 3-35）

图3-35　竖点(鲍小龙)

6. 描丝法

描丝法是根据物象的形态结构或生长规律，用线描的形式进行勾勒的一种表现技法。描丝法的线条有条理，对物象结构交待明确，表现力强。在描丝时，注意不能出现纵横交叉的线条，可通过长短疏密的调节获得丰富的效果。（图3-36和图3-37）

图3-36　描丝法（傅晓彤）

图3-37　描丝法（陈晓玲）

7. 撇丝法

撇丝法是中国画、染织图案设计中最常用的技法之一。用毛笔、水粉笔或化妆笔敷色之后，将笔锋撇开，形成间隔、长短不规则的排线。撇丝法可以绘出较为蓬松的皮毛质感面料图案和丝状物元素。撇丝法最好用扁头的笔，用干笔，笔梢部分笔毛均匀分开，蘸取颜料后在画面上绘制。运笔的方向、转折变化要根据物象的生长规律和结构形态进行，过渡要均匀，线条要柔顺，不能交叉。根据色彩的明暗可以选取不同色彩撇丝，增强物象的立体感和画面的层次感。（图3-38和图3-39）

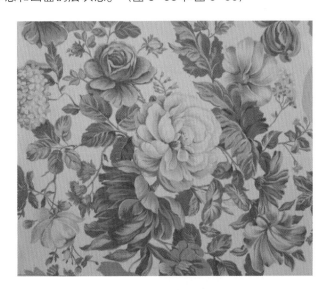

图3-38　撇丝法（鲍小龙）

图3-39　撇丝法（鲍小龙）

8. 塌笔法

塌笔法也叫拓笔法，是绘画中的一种表现技巧，也是纺织品图案设计的常用技法之一。根据表现对象的组织结构、生长结构进行明暗的区域划分，绘制不同深度的色彩，来表现物体的明暗变化和结构。塌笔法是极具表现力的技法，所描绘物象的立体感非常强。（图3-40和图3-41）

图3-40　塌笔法（傅晓彤）　　　　　　　　　　图3-41　塌笔法（姜春宇）

9. 光影法

光影法是一种强调物象轮廓和投影形状的图案表现形式，以单一的单色形式来体现物象的剪影效果。此种方法单纯、整体感强，具有平面性，非常利于图案的归纳装饰。（图3-42和图3-43）

图3-42　光影法一　　　　　　　　　　图3-43　光影法二

10. 化水法

将颜色滴到湿润的纸张上，可以是白纸，也可以是将深颜色滴到浅色基底上，形成柔和渐变的渗透效果。（图3-44和图3-45）

图3-44　化水法(鲍小龙)

图3-45　化水法(丁春华)

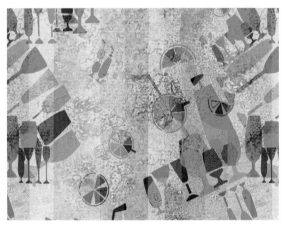

图3-46　喷绘图案(陈燕燕)

11. 喷绘法

喷绘法是一种用喷笔绘出具有渲染、柔润效果的装饰造型手法。其特点是层次分明、制作精致、肌理细腻，给人以清新悦目、精工细作的美感。一般在选用此法时，多采用刻形喷绘的方式，如此最易取得画面的上好效果。喷绘法可使用专门的喷笔绘制，效果细腻柔和，变化微妙，也可以使用牙刷等有弹性的刷子，将颜料蘸到刷子上，再用手指弹拨，将颜色弹到画面上，通过手指的力度控制喷点的精细度和密度，可产生一种喷洒的肌理效果。在喷绘时，要制作一些纸模板，将不喷色的部分沿纹样轮廓遮挡起来，然后一遍遍、一层层地喷绘，直到效果满意为止。（图3-46）

12. 刮色法

刮色法是利用某种硬物，如尖状物或刀状物，刮割画面，使其产生一种特殊效果的方法。如对裘皮的处理和表现，常常采用尖状物，沿裘皮纹理适当刮划，能表现出裘皮的蓬松、真实感。刮色法对纸张有损害，运用此法时，需考虑刮割的深度与纸张的质地和厚度，避免划破纸张。（图3-47和图3-48）

图3-47　刮色法一

图3-48　刮色法二

13. 干擦法

干擦法就是用较干的笔蘸色，擦出物象的结构和轮廓，它会在画面中出现飞白的效果。（图3-49和图3-50）

图3-49　干擦法一（任雪玲）

图3-50　干擦法二（任雪玲）

二、印染技法

由于印染印花工艺技术水平的提高和其他艺术的影响，印花图案的设计技法已有了许多新的变化，进入一个崭新的领域，即肌理形态（肌理图案）的表现领域。所谓的肌理图案，就是模拟自然物体，能用视觉或触觉察觉的表面或断面的天然纹理。自然界的物体千姿百态，肌理形态自然各不相同，如木有木纹，水有水波纹，石有石纹，各种织物有着各种不同的织纹。即使是同一种质地的物体，由于偶发因素的不同也会产生各种不同的肌理效果。随着科学技术的发展，人们获取自然肌理的手段从宏观世界深入微观世界，例如显微镜下的原子结构、生物细胞、微生物的结构等，都成了肌理图案获取的素材。现代肌理图案在纺织品图案中的应用是在20世纪20年代由德裔法国超现实主义画家马克斯·恩斯特首创的，随着"摹拓法"和"压印画法"的出现而兴起（其实中国古代的拓墨碑帖就是采用此法），这种图案在世界上曾风靡一时，最近几年又开始流行起来。这种肌理图案效果的制作方法及应用技术，被称为印花图案设计的特殊技法。现介绍以下几种。

1. 盖印法

盖印法又称为点蘸法，此法是在涂好底的画面上，以海绵、皱纸团、粗纹布等吸色性较强的材料，点蘸上颜色，按画面的需要进行点印、修饰。依靠用力的轻重控制颜色的浓淡层次，可产生出画笔无法绘制的纹理效果。也可以运用现成的器物，如树叶、硬币、螺丝钉等。盖印法使用的颜料不宜太湿太稀，而且不宜大面积运用。如需多层点印，要待第一层颜色干色，再进行下一层的操作。这种方法可以获得色彩斑斓的画面效果。（图3-51）

2. 拓印法

拓印法是学习了拓印石碑的碑文的办法，将要拓印的图案先整理平整，然后将一张比图案稍大一点的柔软纸铺上去，接着用软的橡皮锤子轻轻捶打后，使纸面上出现凹凸分明的条纹，此刻把事先准备好的朴子蘸颜料后，轻轻地、均匀地拍刷上去，图像便显现出来，然后把纸揭下来，图案便复制下来。此法造成的肌理效果质朴、粗犷、自然、生动，具有拙稚的原始美感，对于创造具有个性的图案十分有意义，是印花图案设计常用的手法之一。（图3-52）

图3-51 盖印法(任雪玲)

图3-52 拓印法(鲍小龙)

3. 捏染法

捏染法就是将纸张、布料用折叠、捏皱、板夹等方式进行加工，运用了点、罩、渍等方法上色而成的一种表现技法。此法工具简单，操作方便，形成的图案自然、柔和、艳丽，纹样变化多样，图案变化多端。（图3-53）

4. 扎染法

扎染作为我国一种传统的美术工艺，有着悠久的历史。扎染法是在纺织物上有组织性地加以针缝线扎后，再经煮染而形成花纹图案的一种表现技法。这种方法追求的是一种染色变异和偶然变化的花色纹饰。此种方法形成的图案与制造印染的纺织品图案有着明显的不同，图案纹样神奇多变，且具有独特的肌理纹路。（图3-54）

图3-53 捏染法

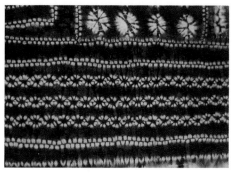

图3-54 扎染法

图3-55 脱胶法

5. 脱胶法

用胶水画出纹样，待胶水干后，用软棉布、海绵等着色物蘸油画色，将油墨擦遍整个画面，不等油画色干，就用水洗刷图案纹样，图案便显现出来。（图3-55）

6. 转印法

转印法也称为对印法，是一种通过制作而获取带有肌理效果图案的方法，一般将墨汁或颜料，或浓或淡地涂在光滑的卡纸、铜版纸、玻璃板或不吸水的光滑平板上，然后将另一张纸对合在一起，采用轻轻挤、压、转、擦、拉等方式处理，揭开后便出现两幅一正一反的偶然图形。此法形成的图案肌理独特新颖，变化万千。（图3-56和图3-57）

图3-56　转移印花设备

图3-57　转移印花服饰

7. 蜡染法

蜡染法利用蜡作为防染材料，在需要显示花纹的部分进行各种手段的涂绘，再经染色，然后烘干、去蜡、整理等工序完成。蜡染是一门古老的印染艺术，用它绘制的图案具有简练概括的造型、淳朴明朗的色彩，且独特的裂纹肌理赋予了图案精细巧妙的艺术效果。（图 3-58）

三、其他表现技法

特殊表现技法的拓展变化:在印花图案中，特别是印染图案设计中，转移印花、电脑喷绘的出现和发展，使得服饰图案的表现手法受工艺上的限制越来越少。为了满足视觉效果的需要，采用一定手法、制作一些特殊的肌理来丰富画面是非常必要的。常用的手法有渍染法、喷洒法、拓印法、刻划法、熏灸法、打磨法、皱折法、吸附法、拼贴法、

图3-58　蜡染法（高欢先）

摄影、蜡笔画等。另外，也可以用电脑进行效果的辅助处理。总之，可以用各种不同手段来取得不同的视觉肌理。但肌理效果的运用还是要以符合生产上的工艺要求为前提，并要有一定的成本意识。

1. 吹色法

先在纸上滴上色水，再用吸管或直接用嘴将色水吹开。用几种色水交叠，更能产生有趣的效果。（图 3-59和图 3-60）

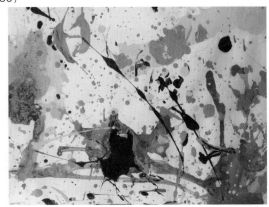

图3-59　吹色法一

图3-60　吹色法二

2. 粘贴法

在图案内部涂抹胶水等黏着液体，并在其上撒上着色颗粒（如细沙）、木屑、棉花等。在设计的服饰图案中，此法主要表现为熨帖、钉珠、粘钻等形式。粘贴法制作的图案立体感强，层次分明。（图3-61和图3-62）

图3-61　钉珠衬衫领　　　　　　　　　　　　图3-62　钉珠饰带

3. 吸附法

将染色颜料，如墨水、水粉、水彩、油画颜料等滴入水中，在颜色还未完全溶解时，用吸水纸张蘸取混合液。此法制作的图案色彩自然、柔和。（图3-63）

4. 堆棉丝法

在底纹上面刷上一层黏性涂料（如乳胶漆），而后按照原先图案设计的色彩关系，在对应的位置粘上彩色丝线，形成具有一定立体效果的图案。在服饰图案中，这种方法常以刺绣的方式出现。（图3-64和图3-65）

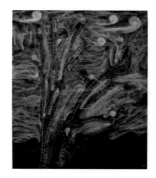

图3-63　吸附法　　　　　　　图3-64　堆棉丝法　　　　图3-65　堆棉丝法(《定格》 朱纪衡)

5. 分形艺术图案

分形艺术图案：利用先进的计算机语言，通过参数设置而形成的一种图案，是一种新的艺术形式。分形图案易产生意想不到的效果，用于现代服饰设计中，给人一种科技感和如梦如幻的心理感受。（图3-66）

图3-66　分形艺术图案(来源:昵图网)

第四章

服饰图案的构成

FUSHI TU'AN DE GOUCHENG

图案的构成即图案的结构，结构是图案赖以生存的骨骼。如建筑的结构，决定了建筑的基本样式；材料的选择和门窗的位置，只影响建筑的局部外观。图案也是如此，图案的构成决定了图案的基本样式，纹样及其色彩处理是对结构的美化。

图案的构成形式需要根据具体内容和题材特点而定，面积的大小、形状的变化，决定了组织形式的变化。因此，图案的组织形式和构成方法，要根据物品的形状和用途来确定。图案结构不仅要适应工艺制作和装饰要求的制约，还要尽可能使图案结构形式趋于完美。

图案的构成形式如图4-1所示。本书主要介绍单独纹样、适合纹样、连续纹样。

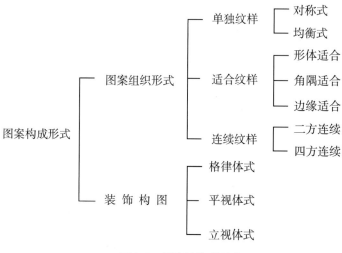

图4-1　图案的构成形式

第一节
单独纹样

一、单独纹样的概念

单独纹样是指与四周无联系、独立、完整并能单独用于装饰的纹样。它是图案组织的基本单位，是组成适合纹样、二方连续纹样、四方连续纹样的基础。

二、单独纹样的构成

单独纹样的构成方式有对称式和均衡式两种。

1. 对称式

对称式又称均齐式，纹样机构较严谨，纹样布局一般采取左右、上下的对称格式，在表现形式上又可以分为绝对对称和相对对称。绝对对称是以一条直线为对称中心，在中轴线两侧配置等形等量纹样的组织方式。

均齐式纹样能够取得稳重、统一的效果，但却也容易产生呆板、单调的感觉。均齐式可以分为直立式、辐射式、转换式、多层式四种。（图4-2至图4-4）

图4-2　对称式单独纹样一　　　图4-3　对称式单独纹样二(《回归自然之对　　　　图4-4　对称式单独纹样三
　　　　　　　　　　　　　　　　　　　　群鸟》 韩雪)

2. 均衡式

均衡式又叫作平衡式。均衡式单独纹样是依中轴线或中心点采取等量而不等形的纹样的组织方式，上下、左右的纹样组织不受任何制约，只要求空间与实体的分量在视觉上保持稳定平衡。这种构成形式比较灵活自由，形象生动活泼，视觉效果好。（图4-5至图4-8）

图4-5　均衡式单独纹样一　　　　　　图4-6　均衡式单独纹样二
　　　　　　　　　　　　　　　　　　　　（国粹　何小华）

图4-7　均衡式单独纹样三　　　图4-8　均衡式单独纹样四(真丝丝巾)

单独纹样是组成适合纹样、连续纹样的基础。

三、电脑制作单独纹样

利用 CorelDRAW 绘制单独纹样，主要可以分为三个步骤，即绘制草稿—调整曲线—复制图形。

打开 CorelDRAW 软件，新建文件，如图 4-9 所示。

图4-9　新建文件

单击矩形工具 ▭，画一个矩形，并在页面上方的属性栏中设定宽为 35 mm，高为 99 mm。

单击挑选工具 ▷，选中刚才画好的矩形，然后按键盘上的 F12 键，弹出"轮廓笔"对话框，将外轮廓线的样式改为虚线，设置宽度为 0.176 mm，如图 4-10 所示。

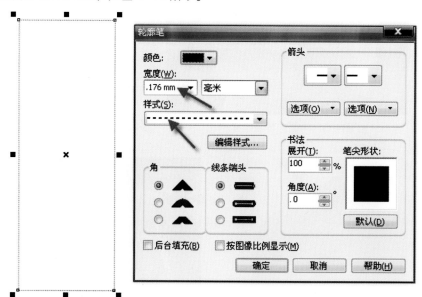

图4-10　设置矩形框样式

在选中矩形框的状态下单击鼠标右键，选择【锁定对象】命令，将矩形框锁定，如图 4-11 所示。

选择工具箱中的手绘工具 ✎，在矩形框内按照图 4-12 所示的图形，画出单独纹样的草稿。在用手绘工具绘图时，要注意起点和终点完全闭合。

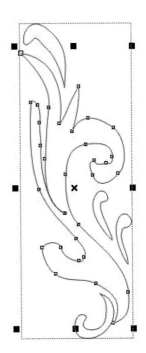

图4-11　锁定矩形框　　　　　图4-12　在矩形框内绘制纹样草稿

　　单击挑选工具 ▷，按住鼠标左键拖动鼠标，将刚才所画的图形草稿全部选中，用页面右侧色盘中的50%黑色填充，然后按F12键，将轮廓线的宽度由"细线"改为"无"，如图4-13所示。

　　单击工具箱中的形状工具 ▷，选中要调整的图形，此时图像轮廓上的全部节点会以空心状态显现，单击选中要调整的曲线线段上的一个节点，则这一节点由空心变为实心并出现两个手柄，表示该节点处于可编辑状态，然后用鼠标左键拉动节点手柄的顶端进行调整，使该段线段的曲线符合要求。以此方法逐一调整各个节点，使所有曲线的走向符合要求，如图4-14所示。

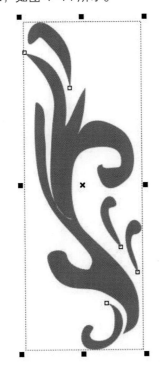

图4-13　填充草稿　　　　　图4-14　调整曲线，编辑草稿

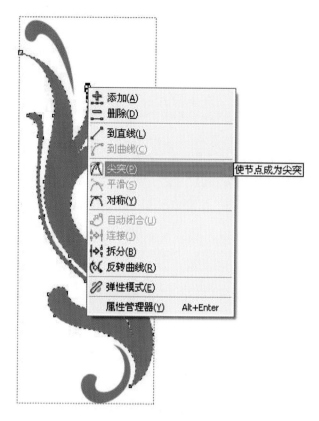

图4-15　选择【平滑】或【尖突】命令

需要注意的是，节点越多效率越低，因此，当一段曲线比较平缓、弯曲度不大时，只需要一个节点控制即可，附近的其他节点可以双击鼠标左键删除之；当某段曲线弯曲度比较大时，则需要在该段线段上双击鼠标左键以增加节点。

要控制线段的平滑和尖突，可以选中该节点，单击鼠标右键，选择相应的【平滑】或【尖突】命令，然后拉动节点手柄的顶端进行调整，以实现控制曲线状态的目的，如图 4-15 所示。

所有图形的曲线全部调整完毕以后，单击挑选工具 ↳ ，在矩形框虚线轮廓上单击鼠标右键，选择【解除对象锁定】命令，如图 4-16 所示，然后按键盘上的 Delete 键删除矩形框。

双击挑选工具 ↳ ，此时，所有的图形全部被选中，然后单击页面上方属性栏中的群组命令 ⚙ （快捷键 Ctrl+G），将所有图形全部群组，再按 Ctrl+C、Ctrl+V 对其进行复制、粘贴，最后单击属性栏中的水平镜像命令 ～ ，将刚才复制出来的图形水平翻转。在选中状态下，左手按住 Ctrl 键，右手拖动鼠标水平向右移动，使其左边和原图形的右边重合，效果如图 4-17 所示。

图4-16　解除对象锁定

图4-17　水平翻转纹样

选择菜单【文件】→【保存】，弹出文件保存对话框，将文件命名为"单独纹样.cdr"。

第二节
适合纹样

一、适合纹样的概念

适合纹样是指具有一定外形限制的图案造型。它是将图案素材经过加工变化，组织在一定的轮廓线内，既适应又严谨。即使去掉外形轮廓，仍具有某种特定造型的特点。花纹组织结构具有适应性，所以称为适合纹样。适合纹样要求纹样的变化既要有物象的特征，又要布局得当，纹样穿插自然、主题突出、主宾呼应、结构严谨、疏密得当，使纹样充分适应特定的空间和形状，构成独立的装饰美。（图4-18）

适合纹样一般有方形（正方形、长方形）、圆形（正圆形、椭圆形）、菱形、三角形、多边形等。（图4-19和图4-20）适合纹样必须适应到界定的外轮廓内，因此具有一定的局限性。

适合纹样的构图如何与构成方法有着直接关系，一般采用均齐的构成法则，处理上较为自由、灵活；平衡式构图也时有采用，但在处理上比较规则和严谨。从设计需要出发，

图4-18 适合纹样的丝巾设计（杨子）

图4-19 方形适合纹样

图4-20 多边形适合纹样

采用何种构成方式，如何将纹样安排在特定空间内，可以根据设计意图，采用轴心线、对角线、并行线等划分区域，合理布局。

二、适合纹样的构成

适合纹样可以分为形体适合纹样、角隅适合纹样和边缘适合纹样等。

1. 形体适合纹样

形体适合纹样是适合纹样中最基本的一种，它的外轮廓具有一定的形体，这种形体是根据被装饰的形体而定的。从纹样的外形特征看，有几何形体和自然形体。其中，几何形体主要有圆形、三角形、多边形、综合形等，自然形体包括桃形、扇形、梅花形等。无论是几何形体还是自然形体，基本上都和单独纹样一样，可以概括为对称式和均衡式两种主要形式。另外，还有放射式和转换式等形式。

对称式：属于规则的组织，它的纹样通常采用上下对称或左右对称的等量分割形式，结构严谨，有庄重大方的特点。（图 4-21 至图 4-24）

图4-21 对称式形体适合纹样一

图4-22 对称式形体适合纹样二

图4-23 对称式形体适合纹样三

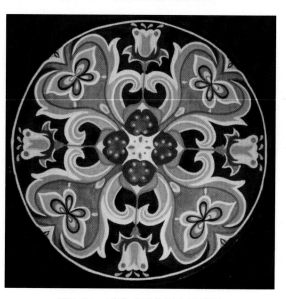

图4-24 对称式形体适合纹样四

均衡式：一种不规则的自由格式，根据力量的平衡法则，使纹样保持一定的平衡姿态，以取得灵活、优美的画面效果。（图4-25和图4-26）

图4-25　均衡式形体适合纹样一　　　　　　图4-26　均衡式形体适合纹样二

放射式：一种多向均衡的形式，由三个或三个以上相同或相似的单位形组成，围绕一个中心做向心或离心排列。放射式常由多个单位形组成，故较富于变化和动感。（图4-27和图4-28）

图4-27　放射式形体适合纹样

图4-28　放射式形体适合纹样骨格

转换式：由两个相同的纹样做相反排列，有上下转换和左右转换两种形式，转换时能给人以运动的感觉。（图4-29）

图4-29 转换式形体适合纹样

2. 角隅适合纹样

角隅适合纹样又称为角纹样，是装饰角平面的一种纹样，就是适合装饰在形体转角部位的纹样，所以也称为"角花"。角隅适合纹样一般都根据设计对象的不同而有所区别，大致可以分为对称式和均衡式两种。（图4-30至图4-34）

形体的每个角的角饰可以使用相同的纹样，也可以使用大小和形状不同的纹样；可以所有的角都装饰，也可以装饰对角或者装饰邻角，可视具体需要而定。

图4-30 角隅适合纹样一

图4-31 角隅适合纹样二

图4-32 角隅适合纹样三

角纹样与三角形适合纹样大同小异，不同之处在于，角纹样只要其中两条边相适合就可以，另一边要适合于整体的设计布局。

3. 边缘适合纹样

边缘适合纹样是适合于形体周边的一种纹样式样。它一般用来衬托中心纹样或配合角隅适合纹样，但也可以成为一种独立的装饰纹样。边缘适合纹样和二方连续纹样不同，二方连续纹样可以无限延伸，而边缘适合纹样则受外形限制。

图4-33　对称式角隅适合纹样

图4-34　均衡式角隅适合纹样

边缘适合纹样如果是圆形的边缘，一般采用二方连续的组织形式；如果是方形或其他形式，则应注意转角部分的纹样结构要穿插自然。（图4-35至图4-38）

图4-35　边缘适合纹样一（阿娜依、李佳靓）

图4-36　边缘适合纹样二

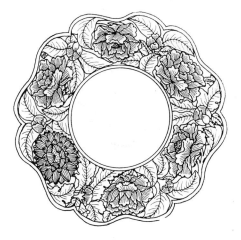

图4-37　边缘适合纹样三

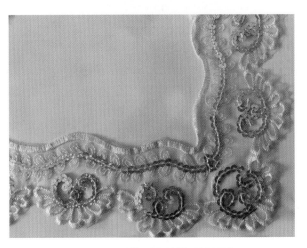

图4-38　边缘适合纹样四（局部）

三、电脑制作适合纹样

新建文件，单击椭圆工具 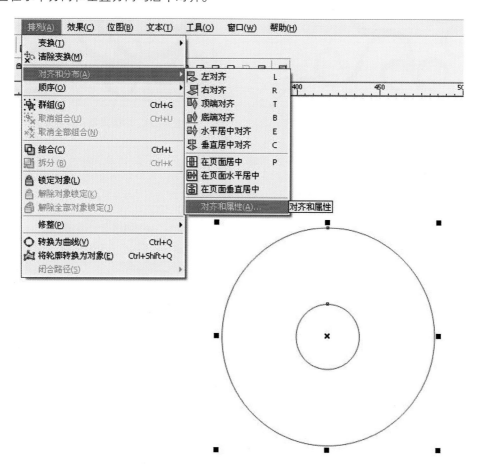，按住 Ctrl 键，画一大一小两个正圆，尺寸分别为 80 mm×80 mm、3 mm×3 mm，按住鼠标左键的同时拖动鼠标，将这两个圆都选中；然后选择菜单【排列】→【对齐和分布】→【对齐和属性】命令（见图 4-39），弹出图 4-40 所示的"对齐与分布"对话框，垂直对齐方式和水平对齐方式都勾选居中对齐方式，使两个圆在水平方向和垂直方向均居中对齐。

图4-39　选择【对齐和属性】命令

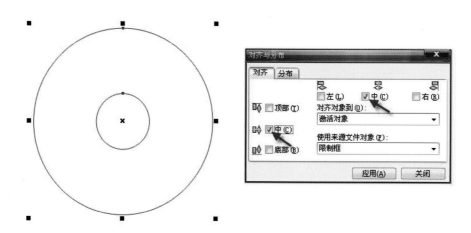

图4-40　在垂直方向和水平方向对齐圆环

选择【文件】→【导入】（快捷键 Ctrl+I），导入之前做好并保存的"单独纹样.cdr"文件。用挑选工具 ▸ 选中刚才导入的单独纹样，这时单独纹样的四周出现八个黑色小方点，表示该图形可以被放大和缩小，然后将鼠标移至图形斜对角线上任意一个小方点上，按住鼠标左键，拖动鼠标，将单独纹样等比例缩小至适合大小圆之间的大小，如图 4-41 所示。

依次选择单独纹样和大圆，然后选择菜单【排列】→【对齐和分布】→【垂直居中对齐】命令，如图 4-42 所示。

选择菜单【查看】→【对齐对象】命令（开启"对齐对象"命令以后，软件自动记录各个图形的节点和中心点，方便各个图形的对齐），如图 4-43 所示。在选中单独纹样的状态下，将鼠标移至单独纹样的中心"×"符号上，单击鼠标左键，中心符号"×"变成"⊙"（表示该图形处于旋转编辑状态），按住鼠标左键的同时拖动鼠标，将中心符号"⊙"往下移动至小圆的圆心附近，软件自动记录小圆的圆心位置，并自动将单独纹样的中心"⊙"对齐至小圆的圆心，并提示"中心"，如图 4-44 所示。

将鼠标移至单独纹样上，单击鼠标左键，回到编辑图形大小状态，然后选择菜单【窗口】→【泊坞窗】→

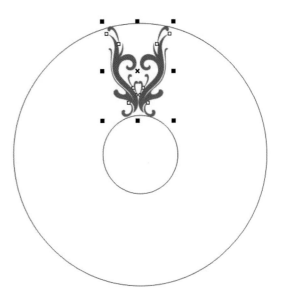

图4-41　导入单独纹样并调整大小

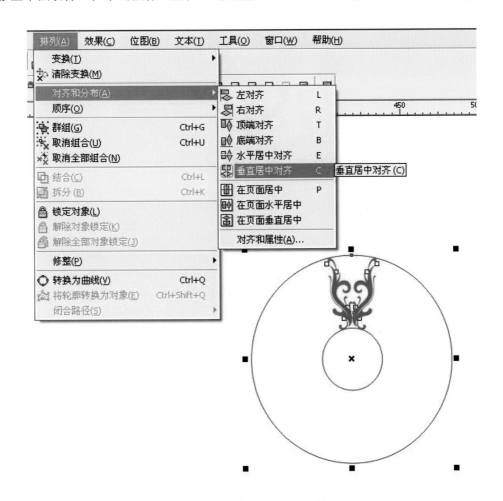

图4-42　选择【垂直居中对齐】命令

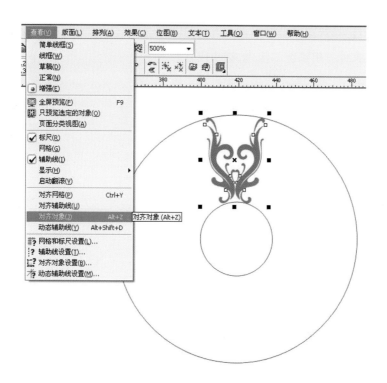

图4-43　选择【对齐对象】命令

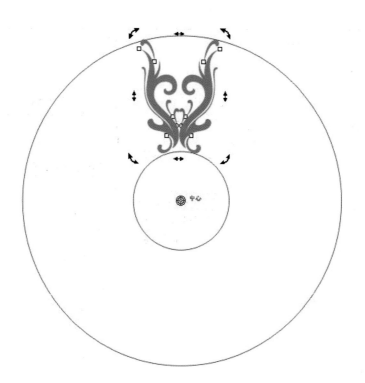

图4-44　将单独纹样的中心对齐至小圆的圆心

【变换】→【旋转】命令，在软件界面的右侧弹出图4-45所示的对话框，将旋转角度设置为45°，连续单击7次"应用到再制"按钮，效果如图4-46所示。

　　单击菜单【查看】→【对齐对象】，将【对齐对象】命令前面的"√"去掉，取消自动记录图形节点和中心点对齐对象功能。

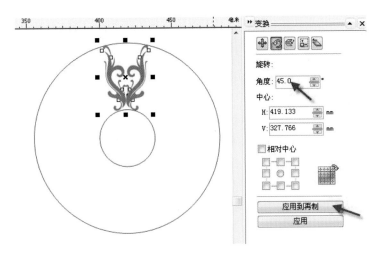

图4-45　设置旋转参数

图4-46　再制后的效果

第三节

二方连续纹样

　　连续纹样是由一个或几个单位纹样作为最小单位，按照一定的骨架做反复排列连续而成的图案。连续纹样具有较强的装饰美和有规律的节奏美。

二方连续纹样和四方连续纹样是连续纹样的两种主要形式。下面主要介绍二方连续纹样的概念及其构成特点。

一、二方连续纹样的概念

二方连续纹样是指运用一个或几个单位的装饰元素组成单位纹样，进行上下或左右等两个方向有条理的反复连续排列，形成带状连续形式，因此又称为带状纹样或花边。

二方连续可以使较小而简便的单位纹样发展成连续性很强的两个方向的反复循环的纹样，此类纹样容易取得和谐统一的效果。（图4-47和图4-48）

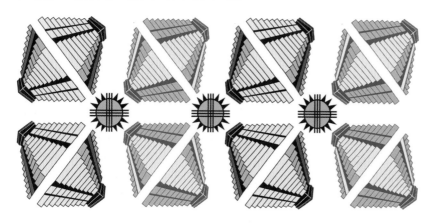

图4-47　二方连续纹样

图4-48　二方连续纹样提包

二、二方连续纹样的构成

（一）从连续构成的方向上分

从连续构成的方向上分，二方连续纹样主要可分为三种形式。

（1）横式二方连续：用一个或数个单独纹样向左右连续。

（2）纵式二方连续：用一个或数个单独纹样向上下连续。

（3）斜向二方连续：用一个或数个单独纹样成斜向连续。

（二）从连续构成的骨格上分

从连续构成的骨格上分，二方连续纹样主要可分为以下九种类型。

1. 散点式

散点式二方连续是指一个或几个装饰元素以散点的形式组成一个单位纹样，按照一定的空间、距离、方向进行分散式的点状连续排列，之间没有明显的连接物或连接线的纹样形式。散点式二方连续纹样简洁、明快，但易显呆板、生硬。可以用两三个大小、繁简有别的单独纹样组成单位纹样，这样可以产生一定的节奏感和韵律感，装饰效果会更生动。（图4-49和图4-50）

图4-49　散点式二方连续纹样

图4-50　散点式二方连续骨格

2. 直立式

直立式二方连续有明显的方向性，可做垂直向上、向下或上下交替的排列。直立式二方连续纹样给人肃穆、安静的感觉。（图4-51至图4-53）

图4-51　直立式二方连续纹样

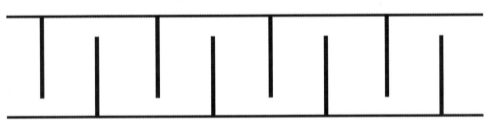

图4-52　直立式二方连续骨格

图4-53　直立式二方连续服装

3. 水平式

和直立式二方连续相对，水平式二方连续则指装饰元素或装饰单元以水平方向的形式排列。水平式二方连续纹样给人平静、安详的感觉。（图4-54和图4-55）

图4-56所示是一种较为复杂的水平式二方连续图案，通过水平枝叶的错位连接，给人一种连绵不断、生生不息的视觉连续效果。

图4-54　水平式二方连续纹样

图4-55　水平式二方连续骨格

图4-56　水平式二方连续图案

4. 折线式

折线式二方连续是指由一个或几个装饰元素组成一个单位纹样，以折线为骨格，按照一定的空间、距离或方向进行连续排列，从而形成折线状的纹样形式。（图 4-57 和图 4-58）

图4-57　折线式二方连续纹样

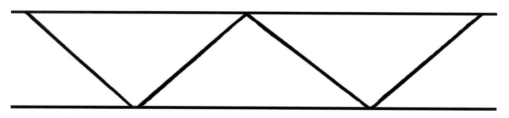

图4-58　折线式二方连续骨格

5. 波状式

波状式二方连续是指由一个或几个装饰元素组成一个单位纹样，以波状曲线为骨格，按照一定的空间、距离或方向进行连续排列，形成波浪式的纹样形式。波状式可以分为单波式、交波式（两条波状线骨格相交缠绕）、重波式（两条波状线骨格并行发展）、断波式（多个单位纹样构成的波状起伏）和变波式（波状线骨格的起伏有一定形的变化，但总体仍然呈起伏状态），可同向排列，也可反向排列。波状式二方连续纹样具有明显的向前推进的运动效果，连绵起伏、柔和顺畅，节奏起伏明显，动感较强。波状式二方连续是众多二方连续形式中较优美的一种形式。（图 4-59 至图 4-66）

图4-59　单波式二方连续纹样一

图4-60　单波式二方连续纹样二

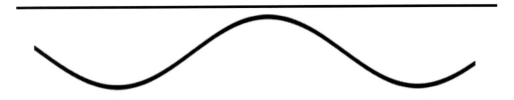

图4-61　单波式二方连续骨格

图4-62　交波式二方连续纹样

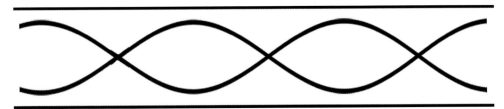

图4-63　交波式二方连续骨格

图4-64　重波式二方连续纹样

图4-65　断波式二方连续纹样

图4-66　断波式二方连续骨格

6. 旋转式

旋转式二方连续是指以旋转的曲线或环形为骨格画出的单位纹样，以一定的空间、距离或方向进行连续排列的纹样形式。旋转式的二方连续可以看作是散点式的二方连续，因为整体上是做点状分布排列，只不过其单位纹样本身是旋转的曲线或环形的。（图4-67和图4-68）

图4-67 旋转式二方连续纹样一

图4-68 旋转式二方连续纹样二

7. 一整二破式

一整二破式的二方连续是指装饰元素由一个完整形和上下或者左右各有一个半破形组成一个单位纹样，然后按照一定的空间、距离或方向进行连续排列的纹样形式。（图4-69至图4-71）

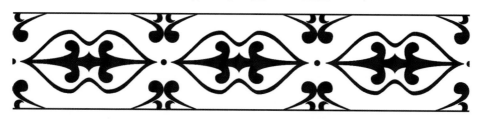

图4-69 一整二破式二方连续纹样一

图4-70 一整二破式二方连续纹样二

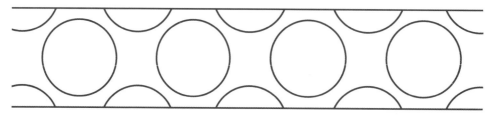

图4-71 一整二破式二方连续骨格

8. 几何式

几何式二方连续是以方形、圆形、菱形等几何形为基本骨格和主要形象特征的二方连续。

9. 综合式

以上骨格形式相互配用，巧妙结合、取长补短，可产生风格多样、变化丰富的二方连续纹样，即两种以上的装饰元素或单位纹样相互结合，以上述一种骨格形式为主，另一种起衬托作用，达到主题突出、层次清楚、构图丰富的目的。（图4-72至图4-74）

图4-72 综合式二方连续纹样

图4-73 综合式二方连续服装(Carven)

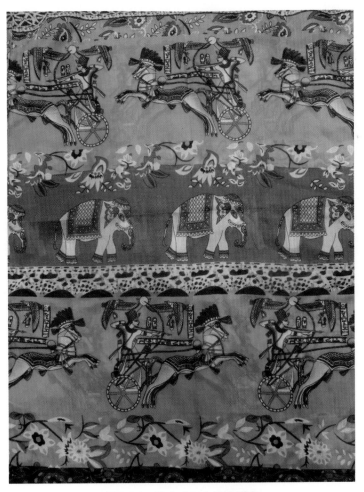

图4-74 综合式二方连续图案

从二方连续的骨格结构中我们可以看出，无论是点、圆、长线、短线，最终汇集而成的都是带状的群线。群线的组合可聚集可分散，可交叉可循环，这样才可以无限反复排列，形成带状图案。线的魅力在于不论直线还是曲线都能给人的心理带来强烈的反应。直线的干脆利落、曲线的波澜起伏，都给人们带来视觉上的享受。

三、电脑制作二方连续纹样

分别单击菜单【查看】→【辅助线】命令和【对齐辅助线】命令，它们前面会显示"√"，即启用了显示辅助线功能和对齐辅助线功能。然后，单击工具箱中的挑选工具 ，将鼠标放至作图区域上方的横向标尺上，按住鼠标左键的同时向下方拖动鼠标，拖出两条辅助线，在属性栏中分别将两条辅助线的"y"坐标设为 150 mm 和 180 mm，如图 4-75 所示。

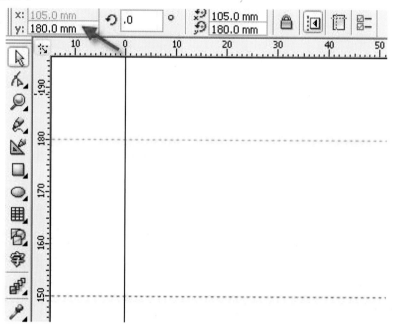

图4-75 设置辅助线

选择手绘工具 ，在上方的辅助线上单击鼠标左键然后松开，拖动鼠标，在辅助线右侧再单击鼠标左键，画出一条直线，然后在属性栏中将轮廓宽度设为 0.353 mm，按 Ctrl+C、Ctrl+V 对其进行复制、粘贴，用挑选工具 将其移到下方的辅助线上，如图 4-76 所示。

图4-76 在辅助线上绘制直线

选择【文件】→【导入】命令（快捷键 Ctrl+I），导入之前做好的"单独纹样.cdr"文件，用挑选工具选中刚才导入的单独纹样，在属性栏中单击小锁图标使锁闭合，将纵横比锁定，在纵向长度框中输入 30.0 mm，然后将单独纹样移动到两条辅助线之间，如图 4-77 所示。

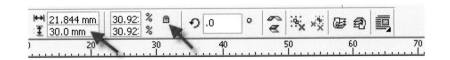

图4-77　导入单独纹样并调整位置

　　分别单击菜单【查看】→【辅助线】命令、【对齐辅助线】命令，去掉其前面的"√"，取消显示辅助线功能和对齐辅助线功能，按 Ctrl+C、Ctrl+V 对调整好大小的单独纹样进行复制、粘贴，然后左手按住 Ctrl 键的同时将经过复制得到的单独纹样选中并水平移至适合位置，重复上述步骤 7 次，效果如图 4-78 所示。

图4-78　复制单独纹样并调整位置

　　用挑选工具选中上方的细直线，按 Ctrl+C、Ctrl+V 对其进行复制、粘贴，然后将其往上移动到适当的位置，下方的直线也做同样的处理，得到二方连续图案，如图 4-79 所示。

图4-79　完成二方连续纹样绘制

第四节
四方连续纹样

四方连续纹样是连续纹样的主要形式之一。四方连续的图案适宜做大面积的装饰设计。

一、四方连续纹样的概念

一个单独纹样向两方连续（重复）出现就形成了二方连续，一个单独纹样向四周连续（重复）出现就形成了

图4-80　四方连续纹样

四方连续。因此，四方连续纹样是用一个单位纹样或一组纹样作为基本单位，向上、下、左、右四面反复循环连续的一种纹样，它循环反复、连绵不断，又称网纹。（图4-80）

四方连续要求单位面积之间彼此联系呼应。它既要求有生动多姿的单独纹样，又要有匀称协调的布局；既要有反复连续的单独纹样，又要有花纹的主次层次；既要使纹样穿插连续，又要活泼自然。所以，它有疏有密，虚实结合，有变化而不凌乱，统一而不呆板。总之，要注意一个单位内的协调，还要注意几个单位内的连成大面积整体的艺术效果。

四方连续是大面积装饰的重要手段，应用最多的是棉布印花、提花图案、织花图案等，四方连续的循环反复的规律性，决定了它可以批量生产。

二、四方连续纹样的构成

按照骨格的变化形式，四方连续纹样主要可以分为以下三种形式。

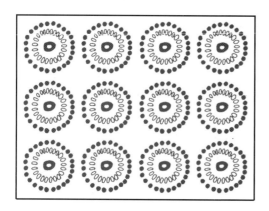

图4-81　散点式四方连续纹样一

1. 散点式

散点式四方连续纹样是一种在单位空间内均衡地放置一个或多个主要纹样的四方连续纹样。这种形式的纹样一般主题比较突出，形象鲜明，纹样分布可以较均匀齐整、有规则，也可以自由、不规则。但要注意的是，单位空间内同形纹样的方向可做适当变化，以免过于单调呆板。（图4-81至图4-83）

2. 连缀式

连缀式四方连续纹样是以一个或几个装饰元素组成一个单位纹样，排列时单位纹样之间以可见或不可见的线条、块面连接在一起，产生很强烈的连绵不断、穿插排列的连续效果的四方连续纹样。常见的有菱形连缀、波浪式连缀、转换式连缀等。（图4-84至图4-86）

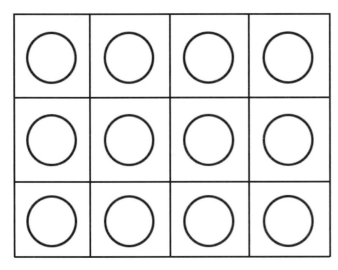

图4-82　散点式四方连续骨格

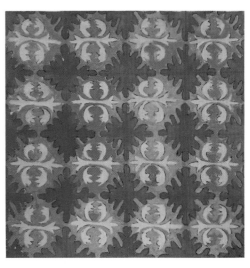

图4-83　散点式四方连续纹样二

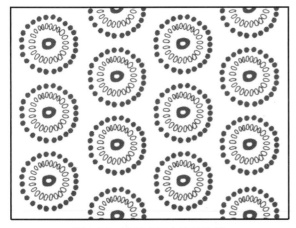

图4-84　连缀式四方连续纹样

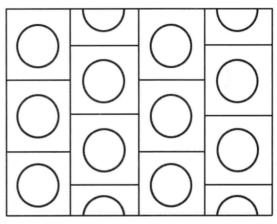

图4-85　连缀式四方连续骨格

图4-86　连缀式四方连续图案和服装

几种常见的连缀式四方连续样式如下。

菱形连缀：将一个单位纹样按照菱形的骨格进行连缀排列构成的四方连续。（图 4-87 至图 4-89）

图4-87　菱形连缀四方连续纹样一　　　　　　　　图4-88　菱形连缀四方连续骨格

图4-89　菱形连缀四方连续纹样二

波浪式连缀：将一个单位纹样修饰成圆形或椭圆形起伏的形状，排列后形成的像波浪起伏一样的交错骨格。（图 4-90 和图 4-91）

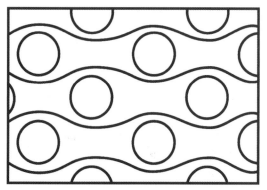

图4-90　波浪式连缀四方连续纹样　　　　　　　　图4-91　波浪式连缀四方连续骨格

转换式连缀：将一个单位纹样做倒正或更多方向的转换排列。（图4-92）

图4-92　转换式连缀四方连续图案和服装

3. 重叠式

重叠式四方连续是两种或多种不同的纹样重叠形成的多层次四方连续。一般是一种纹样上重叠另一种纹样，被覆盖在下面的纹样称为底纹，覆盖在上面的纹样称为浮纹。应用时要注意以表现浮纹为主，底纹尽量简洁，以免层次不明、杂乱无章。（图4-93和图4-94）。

三、四方连续的连接方法

1. 对角线切开法

在一个正方形的纸片上画好主纹样，然后沿一条对角线切开，然后将上边与底边、左边与右边分别拼合并添加绘制出辅助纹样，最后复原即成四方连续单位纹样。（图4-95和图4-96）。

图4-93　重叠式连缀四方连续纹样

图4-94　重叠式连缀四方连续图案

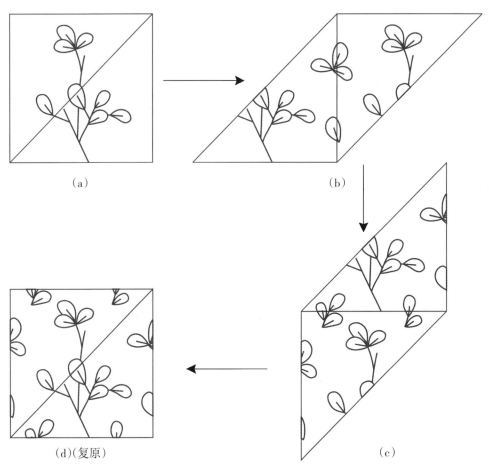

图4-95 四方连续单位纹样对角线切开法

图4-96 运用对角线切开法做出的四方连续图案

2. 二分之一切开法

在一个长边是短边两倍的长方形纸片上画好主纹样，在长边的二分之一处切开，然后分别将上右边与下左边、下右边与上左边、上边与底边进行拼合，每拼合一次添加绘制一组纹样，最后将纸片复原排列即成四方连续单位纹样。（图 4-97 和图 4-98）

四方连续的构成方法，可以以少胜多，减少设计工时，而且更适合现代生产的工艺要求。比如印花、织花、提花的面料设计，多采用此种构成形式。

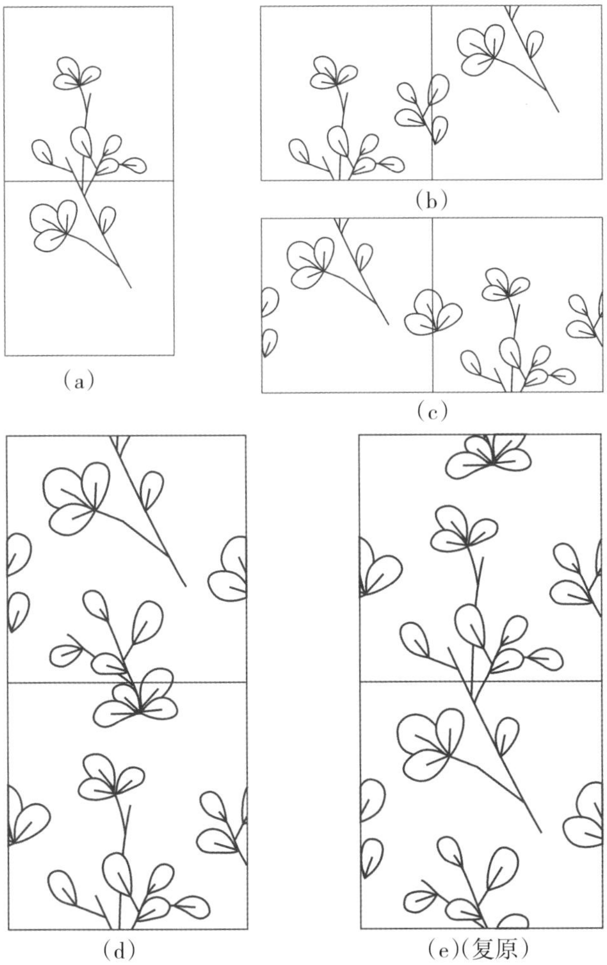

图4-97 四方连续单位纹样二分之一切开法

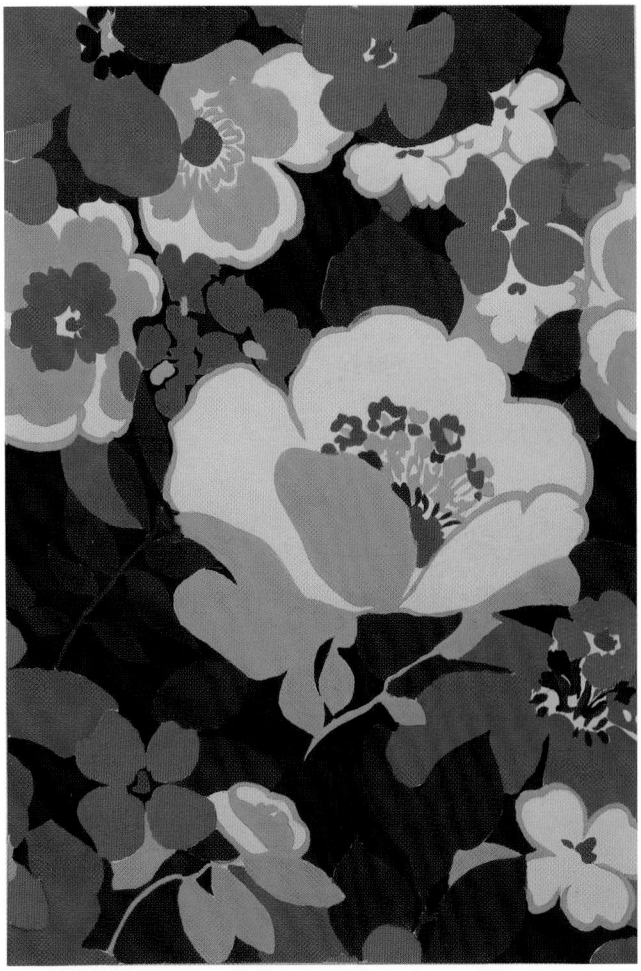

图4-98 运用四方连续单位纹样二分之一切开法做出的图案(付俊川)

四、电脑制作四方连续纹样

选择【文件】→【导入】命令（快捷键 Ctrl+I），导入之前做好的“单独纹样.cdr”文件，用挑选工具将其缩小至适合的大小，然后按 Ctrl+C、Ctrl+V 键，复制、粘贴这个单独纹样；再选择挑选工具，将其放在刚才复制、粘贴的图形上，按住鼠标左键，同时按住 Ctrl 键不松开，拖动鼠标一段距离，将复制、粘贴的图形水平向右移动至适合位置，松开鼠标左键和 Ctrl 键，效果如图 4-99 所示。

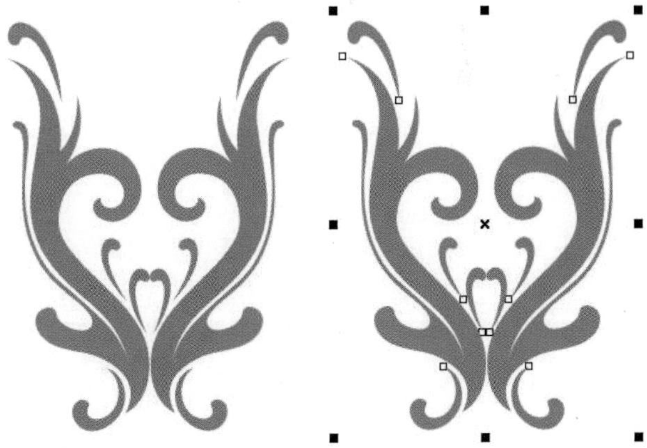

图4-99 复制单独纹样

在选中刚才复制、粘贴的图形的状态下，单击属性栏中的垂直镜像工具，使其垂直翻转，效果如图 4-100 所示。

用挑选工具将这两个单独纹样都选中，单击鼠标右键，选择【群组】命令，如图 4-101 所示，然后按 Ctrl+C、Ctrl+V 键，复制、粘贴这组纹样；再选择挑选工具，将其放在刚才复制、粘贴的这组图形上，按住鼠标左键，同时按住 Ctrl 键不松开，拖动鼠标一段距离，将复制、粘贴的这组图形水平向右移动至适合位置，松开鼠标左键和 Ctrl 键。重复这个步骤三次，得到一个二方连续图案，如图 4-102 所示。

图4-100　垂直翻转单独纹样

图4-101　群组对象

图4-102　得到的二方连续图案

选择挑选工具 ，按住鼠标左键拖动形成选框，将这个二方连续图案全部选中，选择菜单【排列】→【对齐和分布】→【对齐和属性】命令，弹出"对齐与分布"对话框，选择"分布"选项卡，选择水平方向上的"间距"选项，然后单击"应用"按钮，使其在水平方向上等距离分布。效果如图 4-103 所示。

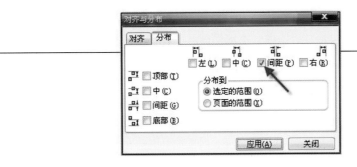

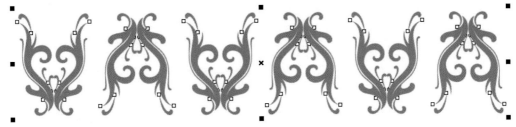

图4-103 水平方向上等距离分布对象

　　选择挑选工具 ⬚，按住鼠标左键拖动形成选框，将这个二方连续图案全部选中，单击鼠标右键，选择【群组】命令，然后按 Ctrl+C、Ctrl+V，复制、粘贴这组纹样；再选择挑选工具 ⬚，将其放在刚才复制、粘贴的这组图形上，按住鼠标左键，同时按住 Ctrl 键不松开，拖动鼠标一段距离，将复制、粘贴的这组图形垂直向下移动至适合位置，松开鼠标左键和 Ctrl 键。重复这个步骤四次，效果如图 4-104 所示。

图4-104 初步得到的四方连续纹样

选择挑选工具 ，按住鼠标左键拖动形成选框，将所有图案全部选中，选择菜单【排列】→【对齐和分布】→
【对齐和属性】命令，弹出"对齐与分布"对话框，选择"分布"选项卡，选择垂直方向上的"间距"选项，然后
单击"应用"按钮，使其在垂直方向上等距离分布，效果如图4-105所示。

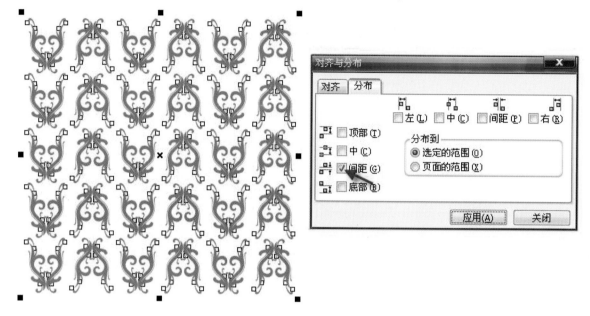

图4-105　四方连续纹样绘制完成图

第五节
关于服饰图案的装饰构图

把生活中的自然形象进行整理、加工、变化，使其更为完美，更适合实际应用，就形成了图案。图案是实用
和装饰相结合的一种美的形式，这一点在服饰图案中体现得尤为明显。服饰图案的装饰构图是服饰图案设计的首
要考虑因素。

一、装饰构图的概念

装饰构图是指按照一定的工艺条件、功能要求和审美需要，把单独纹样构成、适合纹样构成、二方连续构成
及四方连续构成等方法综合运用到一个完整的构图中，如服装、地毯、台布、窗帘、陶瓷、家具、建筑装饰等。
（图4-106）

二、装饰构图的基本要求

1.主体鲜明
一个良好的构图应该使主体形象鲜明、突出，通过位置的安排、细致的刻画、色彩的对比使之成为视觉的中心。

图4-106　构成形式综合运用（淘宝店铺：云饰图腾老绣民族风小店）

2. 层次丰富

主体鲜明也就意味着要层次分明，有主有次，通过形体的大小，线条的粗细、疏密，色彩的明暗、冷暖等来体现图案的层次关系，形成主次层次丰满的形态。

3. 布局平衡

平衡与稳定符合人们的视觉心理及审美要求，布局平衡在构图时就显得相当重要。

4. 形象完整

装饰图案的构图注重画面的独立性和完整性，一方面要求整体的组织结构是独立完整的统一体，另一方面要求内容和形象，尤其是主体形象得到完整的表现。

三、装饰构图的构成形式

1. 格律体式

格律体式构图是"剖方为圆""依圆为曲"的构图，即在九宫格、米字格中填词谱曲，安排布局。这种方法常用于现代瓷板、瓷盘装饰图案设计。如汉砖、铜镜、瓦当、敦煌藻井，以及民间刺绣、挑花、蜡染等，都是以米字格、九宫格为基础进行巧妙构思、精心布局的。（图4-107至图4-110）

图4-107　格律体式装饰构图一　　　　　　图4-108　格律体式装饰构图二

图4-109 格律体式装饰构图三

图4-110 格律体式装饰构图四

图4-111 平视体式装饰构图一

格律体式装饰构图既具有结构严谨、和谐稳定的程式化特征，又具有结构变化多样的情趣。

2. 平视体式

平视体式构图的特点是不讲究透视和远视关系，一律平视。视点不集中，其图案形象不重叠，不分层次和前后，还可以上下、左右并列展开。在设计大、小型陶瓷壁画装饰中常用此方法。（图4-111和图4-112）

3. 立视体式

立视体式构图用以表现人物、风景较多，其特点是把物象画出立体，但不受空间和聚点透视的限制，根据视线的移动而进行构图。将前后、左右、远近的景物一样样地画出来，看不见的东

图4-112 平视体式装饰构图二

西也可画出来。为了画人在屋内活动，可以连门窗都不画。（图 4-113 和图 4-114）

图4-113　立视体式装饰构图一

四、装饰构图的美学规律

1. 对称与均衡

对称是指以一条线为中轴，左右或上下两侧的图形完全相同。对称的形态在视觉上有自然、安定、均匀、协调、整齐、典雅、庄重等美感，符合人们的视觉习惯，因此也是最常见的构图形式之一。

均衡是指组成整体的两个部分在形体、色彩、质地诸方面大致相等但不完全相同，均衡是在不对称中求平稳。均衡的构图既有均匀、安定、协调的美感，又避免了完全对称构图所带来的死板而较缺乏生气的缺点。

对称与均衡体现了装饰构图的平衡美，是装饰构图中较易掌握和最基本的构图形式。（图 4-115 和图 4-116）

图4-114　立视体式装饰构图二

图4-115　对称图案（淘宝店铺：云饰图腾老绣民族风小店）

图4-116 对称与均衡

2. 节奏与韵律

节奏是规律性的重复。节奏在音乐中被定义为"互相连接的音，所经时间的秩序"，在造型艺术中则被认为是反复的形态和构造。在图案中将图形按照等距格式反复排列，做空间位置的伸展，如连续的线、断续的面等，就会产生节奏。

韵律是节奏的变化形式。它变节奏的等距间隔为几何级数的变化间隔，赋予重复的音节或图形以强弱起伏、抑扬顿挫的规律变化，就会产生优美的律动感。

节奏与韵律体现了装饰构图的规律美，要在形象、色彩、组织等变化中求得统一因素，例如在一些零乱散漫的东西中加上韵律变化，将会产生一种秩序感，并由此感觉出动势和活力。反过来，过度整体僵硬的东西如果重组为韵律化的结构，则它的组织便更趋于有机化，带来生命的律动感。对于造型来说，造型要素通过一定的间隔反复出现而造成了韵律与美感。（图4-117）

图4-117 节奏与韵律

3. 分割与比例

在图形的创作和构图的安排当中，若要使画面看起来比较美观，分割与比例是比较常用的方法之一。也即是在创作空间中，如何分割空间的问题。

分割：平面造型能够表现的空间并非无限大，都是有限的形与面积，所以对空间的分割是一项基本的造型行为。

等分割有两种，即等形分割和等量分割。

等形分割，必须是分割之后的单位形完全相同。由等形分割形成的图形具有严格的统一美感。散点式四方连续即是等形分割的直接表现之一。

等量分割，分割后的单位形虽然形状不同，但面积、视觉重量仍大致相等，仍能让人感受到画面的整体平衡。这种分割的特征由于分割以后的形状有所不同，故比等形风格更加富于变化和生动，同时对比不大，仍有统一感，在量上给人以均衡感和安定感。

比例：部分与部分或部分与全体之间的数量关系。当构成要素之间的大小、长短、轻重、面积等部分与部分或部分与全体的质与量达到一定或明确的数的秩序时，将会得到美的平衡感。这时，这个数的秩序就可称为美的比例，例如黄金分割比、等差数列、等比数列等。比例是构成中一切单位、大小及单位间编排组合的重要因素。（图 4-118）

图4-118　分割与比例（Castle　张健）

4. 对比与调和

对比性强调两个或更多个对象之间的差异，使画面具有强烈的视觉冲击力；调和性与对比性正好相反，强调两个或更多个对象之间的近似性和共同性，使作品画面具有舒适、安定、统一的视觉效果。

对比又称对照。把色彩、明暗、形态或材料的质与量相反的两个要素排列或组织，并强调其差异性，使人产生鲜明强烈的感触而仍有统一感的现象称为对比。

调和亦称和谐。当两个或两个以上的构成要素之间彼此在质与量的方面皆具有秩序及统一的效果，同时也有安静及舒适的感觉，都可以称之为调和。

对比与调和的关系主要通过色调的明暗、冷暖，形状的大小、粗细、长短、方圆，方向的垂直、水平、倾斜，数量的多少，距离的远近，排列的疏密，图与地的虚实、黑白、轻重，形态的动静等方面的因素来处理的。（图 4-119）

5. 变化与统一

任何一个完美的图形必须具有统一性，这种统一性越单纯，越有美感。但只有统一而无变化，则不能使人感到有趣味，美感也不能持久；适当的变化能起到调节视觉的作用。但变化也要有规律，无规律的变化会引起混乱和繁杂。因此，变化必须在统一中产生。

图4-119 对比与调和(《溢》 陈易保)

变化造成对比，它能使主题更加鲜明，视觉效果更加活跃。可以通过视觉形象色调的明暗、冷暖，色彩的饱和与不饱和，色相的迥异，形状的大小、粗细、长短、曲直、高矮、凹凸、宽窄、厚薄，方向的垂直、水平、倾斜，数量的多少，排列的疏密，位置的上下、左右、高低，距离的远近，形态的虚实、黑白、轻重、动静、隐现、软硬、干湿等多方面的对立因素来实现变化。

在运用变化与统一时，必须注意整体统一、局部变化，变化与统一具有很大的实用效果。（图 4-120）

图4-120 变化与统一(树的世界 董雪苗)

第五章

服饰图案的实现

FUSHI TU'AN DE SHIXIAN

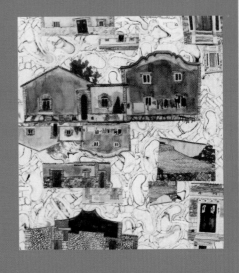

服饰图案的设计实现有着多种手法和技法，电脑绘制、数码印花、数码提花等是 CG 时代专有的实现途径。另外，丝网印花、扎蜡染、刺绣、抽纱、补花等传统的实现技法也各有特色，甚至可以直接手绘完成。多种实现手法，各有特点，形成了形态、风格迥异的服饰图案。

第一节
服饰图案的电脑实现

一、服饰图案设计的电脑硬件

CG 时代的来临，计算机软硬件的不断升级，不但形成了计算机技术的革命，对纺织服装图案设计的更新产生了前所未有的冲击，CG 技术使纺织服饰图案给人耳目一新的感觉。

目前用于装饰图案的计算机硬件是以计算机为主的设计系统以及周边辅助设计硬件。

（一）输入设备

1. 计算机系统

用于图案设计的计算机需要具备较一般工作用电脑高的硬件配置，处理器、内存、硬盘等都需要配置很高，功能需强大，运行速度要快，且要有较高分辨率和色彩饱和度的显示器等。（图 5-1）

图5-1　显示器

2. 扫描仪

扫描仪是输入设备，可以将各种形式的图形图像扫描到电脑中，是设计必不可少的硬件设备。扫描仪分为平板式、滚筒式和双平台式三种。

1）平板式扫描仪

平板式扫描仪又称为平台式扫描仪、台式扫描仪，这种扫描仪诞生于 1984 年，是目前办公用扫描仪的主流产品。这类扫描仪光学分辨率在 300 dpi 至 8000 dpi 之间，色彩位数从 24 位到 48 位，部分产品可安装透明胶片扫描适配器，用于扫描透明胶片，少数产品可安装自动进纸设备以实现高速扫描。扫描幅面一般为 A4 或 A3。（图5-2）

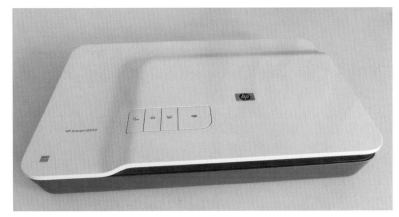

图5-2　平板式扫描仪

平板式扫描仪采用的技术分为 CCD 技术和 CIS 技术两种。采用 CCD 技术的扫描仪采用阴极管发光，图像信号经 2~3 个反射镜反射后将光信号送到光电耦合器，用 CCD 接收并将其转变为电信号。反射镜的安装位置稍有偏差就会直接影响到扫描效果，而且光信号的失真度同反射镜有很大的关系。采用 CCD 技术的扫描仪因其发光体的冷阴极管（类似光管）而使耗电量大且寿命相对短，容易受到外力的影响而产生断裂，优点是其焦距较采用 CIS 技术的扫描仪的长，景深好。

CIS 技术是一种新的扫描技术，其发光体用 LED 排列，不经过反射镜反射，点对点接收，直接被光电耦合器接收，失真度较小。采用 CIS 技术的扫描仪用的是 LED（发光二极管），此种发光体没有 CCD 发光体的缺点，LED 发光的亮度合适，此特点使其被业内人士称为"不发光的扫描仪"，其缺点是焦距较采用 CCD 技术的扫描仪的小，景深浅。

2）滚筒式扫描仪

滚筒式扫描仪是目前最精密的扫描仪器，它一直是高精密度彩色印刷的最佳选择。滚筒式扫描仪也叫作电子分色机，它的工作过程是将正片或原稿用分色机扫描后存入电脑。因为"分色"后的图片文档是以 C、M、Y、K 或 R、G、B 的形式记录正片或原稿的色彩信息的，所以这个过程就被称为"分色"或"电分"（电子分色）。而实际上，"电分"就是我们所说的用滚筒式扫描仪扫描。滚筒式扫描仪与平台式扫描仪的主要区别，是它采用 PMT（光电倍增管）光电传感技术，而不是 CCD 技术，能够捕获到正片和原稿的最细微的色彩。（图5-3）

图5-3　滚筒式扫描仪

图5-4　双平台式扫描仪

4. 液晶数位屏

3）双平台式扫描仪

双平台式扫描仪是一种扫描精度高、原稿使用方便、可进行反射稿和透射稿扫描图像的扫描设备。它集合了平板式扫描仪和滚筒式扫描仪的优势。（图5-4）

双平台式扫描技术配备两个独立的扫描平台，即反射稿扫描平台和投射原稿扫描平台。透扫架置于扫描范围以内，可以有效减少光线的折射。两个扫描平台可以同时工作，这样会大大提高扫描工作效率。

3. 数位板

数位板是一种图形输入设备，可以快速地实现手绘的图形图像效果。压感笔结合各类笔刷进行绘制，成为漫画创作、插画设计、网页设计等设计人士的必备工具。（图5-5）

液晶数位屏将电脑显示器和数位板合于一体，可以使用压感笔在屏幕上直接绘制输入，方便快捷，可手写，可绘画。液晶数位屏采用无线无源的技术，压感笔和橡皮都有不同级别的分辨率，能充分满足创作者的需求。（图5-6）

图5-5　数位板

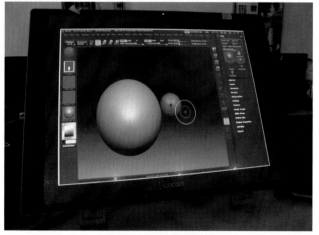

图5-6　液晶数位屏

5. 数码相机

数码相机是一种极好的输入设备，它集光电子、微电子、传感器、显示、存储等技术于一体。以光电耦合器代替胶片，拍摄信息以数字方式进行存储，可直接将信息转存于电脑或者电视，并可进行打印。（图5-7）

数码照片进行信息采集需要注意图片质量与像素的关系。像素高，图片质量就好。现在的数码相机分辨率都很高，注意根据输出用途进行图片拍摄数据设置，合理地选用分辨率是信息采集的重要环节。

（二）输出设备

1. 彩色激光打印机

彩色激光打印机是在普通单色激光打印机的黑色墨粉基础上增加了黄、品红、青三色墨粉。彩色激光打印机扫描电脑内存储的图片信息，并依靠硒鼓感光四次，分别将各色墨粉转移到转印硒鼓上，转印硒鼓再将图形转印到打印纸上面，经过高温定影后输出。相对于热转换彩色打印机，彩色激光打印机是一款低成本、高效率的优质

图5-7　数码相机

彩色打印输出设备。激光打印机的打印速度较快，印刷质量好，噪声低。（图 5-8）

2. 彩色喷墨打印机

彩色喷墨打印机按工作原理可分为固体喷墨和液体喷墨两种（现在后者较为常见），而液体喷墨方式又可分为气泡式与液体压电式。气泡式彩色喷墨打印机是利用特殊技术把带电的墨水，通过加热喷嘴，使墨水产生气泡，喷到打印介质上的。彩色喷墨打印机体积小、噪声低、打印精度高，但打印成本较高，适合小批量打印，如打印样稿。（图 5-9）

3. 数码印花机

数码印花机是用于数码印花的设备。数码纺织即数

图5-8　彩色激光打印机

码印花、数码织花、数码染色、数码服装裁片、虚拟设计和制造等技术。我们所说的数码技术应用于纺织品艺术设计，主要指的是运用数码手段进行纺织品的图案、花样设计。（图 5-10）

图5-9　彩色喷墨打印机

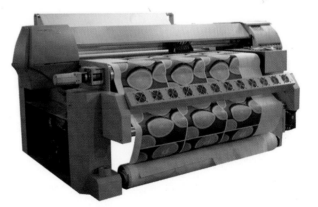

图5-10　数码喷墨印花机

4. 写真喷绘机

写真喷绘机主要适用于大幅作品输出的设备，它输出的画面非常大。喷绘一般用于室外，使用介质一般是广告布，墨水采用油性墨水，有防水功能；写真一般适用于室内，使用介质一般是 PP 纸、灯片、特殊家纺布、装

饰布等，墨水是水性墨水。

写真喷绘机的工作原理与彩色喷墨打印机的大同小异，主要采用微压电打印技术，按照设计好的图案色彩进行输出。它的优点是表现色域宽，色彩饱和度高，输出的图像更细腻、逼真，色彩层次更丰富。（图5-11）

5. 电脑绣花机

电脑绣花机分为单头绣花机和多头绣花机，是在电脑绣花技术普及的前提下应运而生的，是当代最先进的绣花机械，它能使传统的手工绣花得到高速度、高效率的实现，提高了纺织品的价格，增加了服装的附加值，也减少了刺绣的成本，而且还能实现手工绣花无法达到的"多层次、多功能、统一性和完美性"的要求。（图5-12）

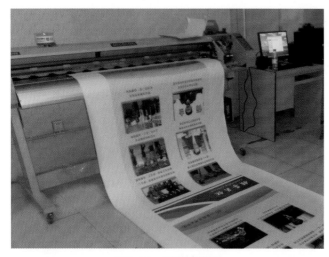

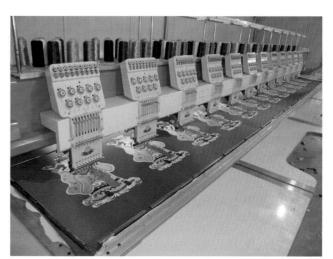

图5-11 写真喷绘机　　　　　　　　　　　　　图5-12 电脑绣花机

电脑绣花机是一种体现多种高新科技的输出设备，它缩减了工人的劳动强度和工作时间，只需把设计方案输入电脑，通过电脑命令即可完成刺绣作品。

二、服饰图案设计的常用软件

（一）平面软件

1. Photoshop

Photoshop 是 Adobe 公司的王牌产品，它在图形图像处理领域拥有毋庸置疑的权威性。

无论是图案的绘制，还是图案效果的处理，Photoshop 都是必不可少的工具；而且随着数码技术的发展和电脑的普及，Photoshop 的应用越来越广泛。Photoshop 对于图案的处理具有强大的功能，拥有多种选择工具，而且这些选择工具可以结合起来选择较为复杂的图像，这样对于图案的编辑就相当方便；Photoshop 自带多种滤镜，而且还支持外挂滤镜，它的滤镜可以说"取之不尽，用之不竭"，这样对于图案的特殊效果的处理就显得游刃有余。

Photoshop 简单易学，功能强大，适合于不同水平的用户，更适合于专业设计基础较强但电脑水平一般的专业设计人士。

2. Illustrator

Illustrator 是出版、多媒体和在线图像的工业标准矢量插画软件，是最早出现在苹果电脑上的专业绘图软件，也是图像处理软件 Photoshop 的"姐妹"。

Illustrator 可以单独提取线稿，而且具有无与伦比的精度和控制功能；Illustrator CS 版本除了图库和免费的 photographsiXall，还提供了 200 多个专业设计的范本，以及丰富的笔刷库、符号库、样式库和 100 多种 OpenType 字型，以便设计者快速开始设计工作；另外，增设了透明度面板，可以更好地调整图案的透明度；滤镜也越来丰富，并且增加了 3D 效果的处理，强大的功能是其他软件无法比拟的。全世界约 67% 的设计师在使用 Illustrator 进行图案的设计和创作。

3. CorelDRAW

CorelDRAW 是应用最为广泛的平面设计软件之一，也是相当出色的矢量绘图软件。它是一个很好的工具，能令用户事半功倍。使用它来制作和设计作品，不仅得心应手，还会在创作的过程中，从它那里得到源源不断的启发，创造出更美好的、更让人不可思议的图案。它以功能丰富而著称，而且在新的版本里功能不断强大，比如它的捕捉功能和智能绘图工具，能够让用户的绘制更为方便快捷；它的提取并复制对象的属性，可以复制一个或多个属性到一个以上的对象上，并且对于交互式透明和渐变填充的属性同样可以复制，这样大大简便了图案的制作程序；Power Clip 功能可以轻松锁定 / 解锁内容物件到容器，实现对于图案的精确剪裁；网格工具可以制作出更为柔和、自然的图案，实现多色彩间的融合渐变；Smart Drawing Tool 是偏重于绘画的工具，也是对矢量以色块图案设计为主的一个补充，可以轻松地画出相对平滑和规则的图形。

4. FreeHand

FreeHand 是 Macromedia 公司（现被 Adobe 公司收购）研发的著名的用于插图制作、排版设计的矢量图形软件，运用 FreeHand 可以较好地理顺设计者的设计过程，能在一个流程化的图形创作环境中，提供从设计理念完美过渡到实现设计、制作所需的一切工具，而且保证全部过程都在同一个操作平台上完成。可以运用多种属性，通过对单一的矢量图形应用无限数量的笔画、填充和效果，创建丰富的矢量图形。该软件能够最大限度地发挥设计师的创造力，设计出较为完美的图案。

5. Corel Painter

Corel Painter 与 CorelDRAW 是同门软件，也是 COREL 公司的拳头产品，号称"绘画大师"。Painter 具备一些其他图形软件没有的功能，它包含各种各样的画笔，具有强大的油画、水墨画绘制功能。它具备新颖的绘图功能，这使它一推出就引起了很大的轰动，新的版本增加了很多画笔和图层功能，Brush Controls、Objects 和 Art Materials 三个可伸缩浮动面板为设计提供了更大的便利；一般图形软件中的画笔在绘图时只能使用一种颜色，Painter 会将用户为画笔选择的颜色和画笔下方的颜色智能地中和在一起，生成一种新颜色，并将该颜色赋予画笔的某一处，绘制出具有不同颜色的线条；用 "Continuous Time Deposition" 绘制出的图案颜色深度与用户将画笔停留在某一位置的时间成正比，即用户在某一位置停留鼠标的时间越长，那么在该位置绘制出的线条的颜色就越深。Painter 具备其他二维图形软件都不具备的功能——立体效果直接绘制功能。

Painter 是平面软件中最能够发挥设计师创造力的一个工具。

（二）三维软件

这里所说的三维软件主要是用来虚拟服饰图案场景的。

三维设计软件可以虚拟人物的着装，也可以虚拟室内纺织品的配套效果和地毯的铺设效果。

1. 3d Max

3d Max 是当前销售量最大的三维建模、渲染软件，也是应用最广的、较受设计者欢迎的三维软件。它的建模平台集成了新的子层面、细分表面和多边形集合建模，同时提供了比较高级的渲染器，可以高速地对图像进行渲染。3d Max 的功能非常强大，但是它没有中文版本，操作起来相对复杂，在纺织品图案设计的虚拟中一直没有被设计者广泛采用。

2. Shade

Shade 是由日本著名的软件公司 ExpreesionTools 开发和发行的。它是日本市场上占有率高居第一的 3D 制作软件，但国内用户对其是陌生的。1999 年它推出时，就受到了广泛的关注，它的高品质、易操作、易用性都给广大的设计者留下了深刻的印象。Shade 是目前日本计算机图像的主流软件，被广泛地应用到虚拟场景的设计、室内设计、3D 建模、平面图案设计等。它对于光影的真实虚拟和大幅图像的输出以及建模的快捷，使其成为设计师首选的软件之一。

（三）专用软件

1. AT-Design

AT-Design 是浙江杭州宏华数码科技股份有限公司于 1997 年推出的设计软件，该软件是以印花图案设计及服装款式设计为主的设计系统。跟一些单一的设计软件相比，AT-Design 保持了分色系统的全面、实用的特色，同时提供了图案绘制、花型组合、纹理效果、单元循环和云纹制作等工具，在纺织面料领域获得应用；也提供服装款式设计及服装的三维模拟系统，并且可以用作装饰面料在不同的场景中的三维模拟，而且提供颜色的自动配色功能及对局部和整个图形进行调色处理的功能。在广度和深度上，AT-Design 都占有很大的优势。AT-Design 的推出无疑让一直停留在手绘阶段的设计师眼前为之一亮，成为服装设计师、花样设计师最理想的设计工具。

2. AT-ADSL

AT-ADSL 是浙江杭州宏华数码科技股份有限公司在 1997 年推出的软件，是矢量电脑分色印花软件，是对各种印花图案进行编辑、分色、设计及其工艺后处理的标准程序软件。AT-ADSL 是印花 CAD 领域的先驱，它可以快捷地分色描稿、真正地进行矢量化处理，并具有独创的六分色功能和智能化线条描绘功能，可以轻松地处理超大型的图像。新的版本增加了更多的新功能：对于扫描图像可以去除网纹；可以调整图像的明亮度和对比度；增加了喷笔的多种效果，可以绘制风格各异的图案；它对于图案的强大的连晒功能也给设计师提供了极大的便利。AT-ADSL 友好的界面、强大的功能和方便的操作已经得到用户的青睐，是电脑印花分色设计系统的再一次突破。

3. 变色龙

变色龙是中国浙江杭州开源电脑技术有限公司开发设计的一套电脑设计、分色软件，英文名为"AnSeries"。此软件从 1992 年开始开发，陆续推出了很多版本，适用于 Windows 95\98\NT\2000 及 Windows XP 操作系统，现在使用的 4.7 版本功能更为强大。具有多层操作机构和高效的内存压缩，对于那些特别大的细茎、色块、撇丝、泥点及其组合花样和复杂花样的处理尽显其独到之处，对大花样可轻松处理，而且具备立体贴面显示功能。变色龙软件推广至今，在印花行业显示出了它卓越的成效，越来越多的用户被其快捷的速度、完善的功能所折服。变色龙是许多纺织企业设计师喜欢采用的设计工具，在印花行业占据极其重要的位置，对印染行业的发展起到了很大的推动作用。

4. 金昌印花 Ex9000 分色系统

金昌印花 Ex9000 分色系统，是金昌印花电脑技术有限公司研发的分色制版系统，是国内著名的印染分色软件，其快捷的速度、完善的功能，使得它在印花行业中占据一席之地。它具备处理高精度、高难度花稿的能力和无与伦比的可靠性。在 2005 年 5 月 31 日的新版本中，除了具备各类 CAD 系统的全部功能外，还开发了各种特殊功能，比如油画、国画、水渍、蜡染等效果的设计制作功能，并对复合云纹、多彩交融的图案进行分层管理，从而使各类复杂的图案效果得以精确的实现。Ex9000 增加了"智能修复"特性，遇到"异常"可自动修复；还增加了"矢量字体"工具，提供一个单独的文字图层，文字的缩放不会影响质量，这是其他纺织 CAD 软件所不具备的。同时，Ex9000 具备立体贴面效果显示功能和动画演示系统功能，而且运行速度非凡。在纺织图案印花设计中是颇受欢迎的软件。

5. 新创 V2003 智能印花分色系统

新创 V2003 智能印花分色系统，是绍兴新创电脑软件有限公司开发完成的智能印花分色、设计软件。新创 V2003 在汲取市场已经存在的分色制版系统的优点的基础上，改进其固有的缺点，扬长避短，扩展和稳定新系统的功能、性能。除了具备其他 CAD 软件的功能外，它独有的透明色处理和层锁定功能、任意图案设计工具、通道分离技术及高质量地提取复杂的云纹层次等多种设计手段，都是用户所青睐的。

6. ARTWORK STUDIO 系统

美国 GGT 公司的 ARTWORK STUDIO 系统，具有服装图案设计的功能，该系统提供多种艺术美工的工具，可以在草图上做出多种变化的彩色图案。该系统利用上百个工具建立线条图案并将所存取的图案设计成一览表，建立草图图案以备选用。同时，该系统也提供纺织品的设计能力，可以使用各种系统绘制工具，建立新的印花图案。该系统也具备立体贴面效果显示功能，能将各种不同的面料覆盖到彩色图案上并可保持皱褶和阴影变化。

7. 富怡服装设计系统

香港富怡控股集团有限公司的富怡服装设计系统，提供款式设计，针织、梭织面料的设计和印花设计功能。非凡的运行速度，各类图形绘制迅速，描茎、撇丝可以瞬间完成；特殊的文件格式，不仅能记录花稿本身，而且能完整记录与该幅花稿有关的全部信息，如回头、网形、网目、浆料百分比、花样类别等。本系统除兼具各类 CAD 系统的全部基本功能外，同时还开发了各种特殊功能。其中包括油画、国画、水渍、蜡染效果制作，单元图形沿任意曲线按任意比例分布（俗称毛毛虫），点串间距自动校正，回头加网无痕迹连接，单色稿快速叠加彩稿展示，四分色转印分色功能等。全矢量化图像操作，使设计者能获得理想的图像质量，编辑自由度增大。高于 10 倍的压缩率，相当于成倍扩大了内存，一般系统无法读出的特大幅图案，在该系统中读出变得轻而易举。

8. TOP2000

TOP2000 是浙江大学研发的纺织品图案设计专用软件，该软件是中文版的，软件版面结构合理，工具功能全面，对于图案的选色、归色、复制、粘贴等提供了非常便利的手段，而且还具备了纹版程序的设计功能，这是该软件的独到之处。该软件着重加强了图案的设计和创作功能，设计师不仅可以通过系统提供的丰富的设计工具进行设计；还可以从一个高精度、大容量的图案数据库中直接检索已有的图案，引入到设计系统中，直接用于设计；甚至可以利用已有的知识和规则进行智能图案创作。同时，该软件提出了基于图形、图像无缝设计的概念，综合了图形、图像两者的优点，克服了两者固有的缺点，大大加强了图案设计，即 CAD 的能力。

9. Texcelle

荷兰的 Texcelle 是英文软件，目前约 90% 的地毯厂家在使用此软件。软件的色彩较为柔和，功能键可以自己定义，归色能力强。调色板功能强大，可以对图案颜色进行保护，可以对颜色进行镂空处理，并且可以把一种颜色分成混色效果。该软件模拟功能比较强大，对图案的质感模拟非常逼真。Texcelle 是很多设计师非常喜欢的软件。

三、服饰图案设计的电脑实现

"工欲善其事，必先利其器"，设计软件在服饰图案艺术设计中的应用，无疑成为服饰图案设计的一件利器。

前有所述，服饰图案设计的软件有很多：基于矢量的图形软件，如 Illustrator；基于像素的图像软件，如 Photoshop、Painter；还有纺织品艺术设计专用软件，如 AT-Design 等。下面将通过四个设计实例对服饰图案的电脑实现做进一步的讲解。

1. Photoshop

Photoshop 是 Adobe 公司开发的著名的位图处理软件，Photoshop 对于图案的处理具有强大的功能，可以通过图层、各种工具、菜单、命令等方式实现图片的修补、调色转换、形状调整等，实现图案的合成、获取、特效等功能。Photoshop 滤镜和外挂滤镜，可以说"取之不尽，用之不竭"，这样对于图案的特殊效果的处理就显得游刃有余。与矢量软件相比，Photoshop 的劣势则是图片清晰度受分辨率的限制，需要输出的图片须设置高分辨率，导致文件过大，电脑运行速度减慢；优势在于它强大的图形图像处理能力。

下面以 Photoshop 为设计平台制作图 5-13 所示的图像，简单介绍 Photoshop 的图像合成，了解位图软件的强大的图形图像处理功能。

（1）新建文件。

选择菜单【文件】→【新建】命令，建立一个分辨率为 300 dpi 的新文件，设置如图 5-14 所示。

（2）添加所选定的.psd 格式的素材，调整到合适区域。

选择菜单【文件】→【打开】命令，打开所有需要的.psd 格式的素材，并将素材放置到合适的区域以备编辑使用。（图 5-15）

图5-13　另类绽放(局部)

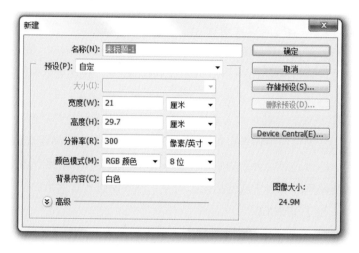

图5-14　新建文件

图5-15　添加素材

使用移动工具 ▶┼，将以上素材拖至新建文件中，进行合成。注意调整图层关系、不透明度，并进行相应的图层旋转等，具体合成效果如图 5-16 所示。

（3）将以上图层选中并添加到新建组，可用以下三种方法：

方法1：将图层全部选中，按快捷键 Ctrl+G。

方法2：将图层全部选中，按住鼠标左键不放将其拉至新建组图标上，然后释放鼠标左键即可。（图5-17）

方法3：选中全部图层，在菜单栏上选择菜单【图层】→【新建】→【从图层建立组】命令。（图5-18）

图5-16 素材合成

图5-17 成组1(方法2)

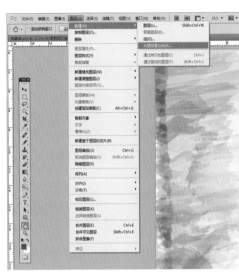

图5-18 成组1(方法3)

（4）将合成组的图层模式改为"穿透"。（图5-19）

（5）将选定好的PSD素材添加到画布内。

打开花头素材，拖至合适位置备用。（图5-20）

使用移动工具 ，将以上素材拖至文件中，调整花头的位置、朝向、大小等，效果如图5-21所示。

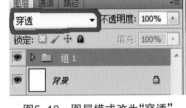

图5-19 图层模式改为"穿透"

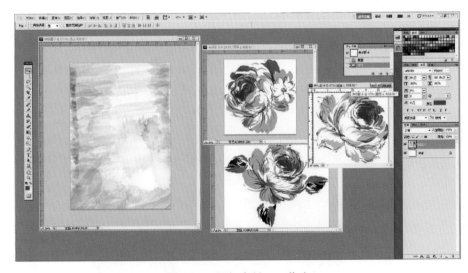

图5-20 添加素材——花头

图5-21 添加花头后的效果

（6）将以上文件图层新建成组，方法参照第（3）步，结果如图5-22所示。

（7）将组2的图层模式改为"差值"（见图5-23），效果如图5-24所示。

（8）添加素材到画布中。

打开图5-25所示的素材，使用移动工具 ，将这些素材拖至文件中，并调整其位置、大小、不透明度等。

（9）进一步调整画面的色调和图层之间的关系，最终完成图像合成。（图5-26）

图5-22　成组2

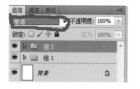

图5-23　图层模式改为"差值"

2. Illustrator

矢量软件的最大优势在于操作简便、灵活，图形跟像素无关，可以随意地、无限地缩放图形而不必担心输出精度。而且矢量软件存储空间小，设计的时候电脑运转速度快，可以为设计者节省大量的时间。

下面以 Illustrator CS 为平台，简单介绍图 5-27 所示仿蜡染图案的设计步骤，以了解矢量软件的设计特点。

（1）选择菜单【文件】→【新建】命令，建立一个名称为"蜡染"的新文件，设置如图 5-28 所示。

（2）选择菜单【文件】→【置入】命令，置入草稿，草稿可以手绘，扫描后备用。把草稿放置在底层，以免影响图案的绘制。（图 5-29 和图 5-30）

图5-24　使用"差值"后的效果

图5-25　进一步添加素材——蝴蝶

图5-26　完成图

图5-27　仿蜡染图案手绘原稿

（3）冰纹绘制。

在图层面板上，新建图层 2、图层 3，在两个新图层上绘制。（图 5-31）

画笔选用 ChalkScribble，笔宽设置为 1 pt，平端点；斜角限度为 4x，尖角。具体的色彩设置如图 5-32 至图 5-34 所示。

根据冰纹的前后层叠关系，在图层 2 和图层 3 上分别绘制，绘制的时候运用数位板可以轻松、自如地绘制冰纹曲线，冰纹的出现比较随意，在绘制的时候一定不能太拘谨，尽量放松、自然，以免太生硬。冰纹效果如图 5-35 所示。

图5-28　新建文件

图5-29　置入的草稿

图5-30　草稿放置底层

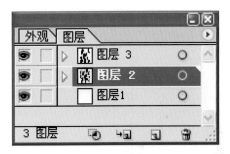

图5-31　新建图层2、3

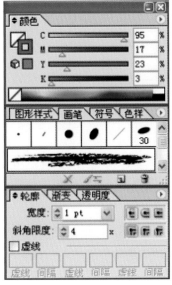

图5-32　色彩设置一

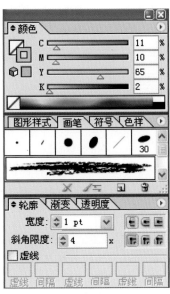

图5-33　色彩设置二

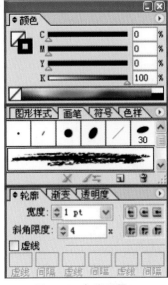

图5-34　色彩设置三

（4）花茎。

在图层3上建立新的图层，画笔选用 Fude，笔宽设置为 1 pt，绘制完毕后可以根据需要拖动以达到需要的花茎宽度，平端点；斜角限度为 4 x，尖角。色彩设置为 K=100%。绘制效果及面板各项参数设置如图 5-36 和图5-37 所示。

图5-35　冰纹效果　　　　　　　图5-36　绘制的花茎　　　　　　　图5-37　面板参数设置

图5-38　图层的设置

图5-39　用钢笔工具绘制填充

（5）花头与叶子的绘制。

因为花头和叶子处于上方，所以要在花茎图层之上建立新的图层来绘制花头和叶子。为了避免其他图层的干扰，把已经绘制好的冰纹和花茎图层的"眼睛"图标点灭，设置为隐藏，并锁定；把草稿图层点亮，设置为可见。这样就可以在草稿图层上绘制花头和叶子。（图 5-38）

花头和叶子的绘制步骤是，用钢笔工具沿着草稿的轮廓线进行画线，调整满意后，进行填充。在绘制的过程中或者绘制完毕后，可以使用工具箱中的直接选取工具点选相应的节点，按住鼠标左键拖动进行调整，直至与草稿轮廓吻合为止。填充完毕，为了使后面的步骤操作简便，可以把边框线去掉。（图5-39）

具体的色彩设置如图 5-40 和图 5-41 所示。

按照上述方法和参数设置，进行其他花头和叶子的绘制，如图 5-42 所示。

（6）叶子蜡染效果制作。

在花头和叶子图层上方建立新的图层。根据草稿的轮廓线，用钢笔工具在蓝色的叶子上绘制 K=100% 的黑色叶子，黑色叶子的位置跟蓝色叶子的位置略有偏移，如图 5-43 所示。

把蓝色叶子图层的"眼睛"图标点灭，隐藏该图层，以便于黑色叶子的镂空处理。用钢笔工具绘制需要镂空的图形于黑色的叶子上，如图 5-44 所示，然后打开修整面板，如图 5-45 所示。

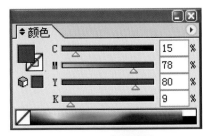

图5-40　参数设置

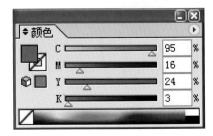

图5-41　参数设置

图5-42　花头和叶子的填充

图5-43　绘制黑色叶子

图5-44　绘制镂空图形

同时选中黑色叶子和所有的镂空图形，然后单击"挖空重叠区域" 按钮，出现如图 5-46 和图 5-47 所示的效果。

所有的叶子镂空处理完毕后，选中所有的叶子，单击修整面板上的 "展开" 按钮，"点亮" 其他图层，然后得到图 5-48 所示的效果。

（7）花头轮廓、花心及点缀。

花头的轮廓、花心和圆形点缀位于最上层，所以要再次建立新图层进行描绘。

绘制花头轮廓的时候颜色设置为 K=100%，选择工具箱中的毛笔工具，在画笔面板中选择"3 pt Round"笔型，按照草稿图进行绘制。圆形点缀用"5 pt Round"笔型。（图 5-49 和图 5-50）

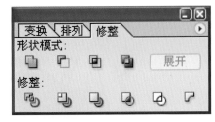

图5-45　打开修整面板

图5-46　镂空效果

图5-47　涂蜡效果

图5-48　叶子蜡染效果

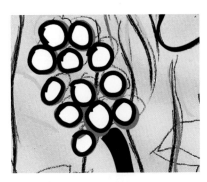

图5-49　点缀及花头

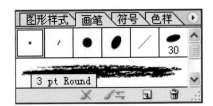

图5-50　笔型设置

绘制花心：选择工具箱中的毛笔工具，在画笔面板中选择"Fude"笔型，笔宽设置为"1 pt"。根据花卉的生长结构，绘出花心。（图 5-51 至图 5-53）

（8）从整体上再次观看整幅图，对细节做进一步的调整或添加点缀进行颜色的呼应和构图的完善，直到效果满意为止，如图 5-54 所示。

图5-51　笔型设置

图5-52　花头轮廓绘制

图5-53　花头效果

图5-54　完成图

3. Painter

Painter 是电脑美术创作与设计的主流软件之一，号称"绘画大师"，在众多软件中最能够体现设计者的风格和情感，因此被越来越多的设计者所采用。

本例我们就专门来探讨 Painter 软件模仿自然画笔、实现手绘效果的强大设计功能。（图 5-55）

这幅图案是利用 Wacom Intuos2 Graphics tablet 在 Painter IX 中绘制完成的。先使用水彩画的湿画法，然后进行细节的修饰及纹理的添加。

（1）启动 Painter 软件，选择菜单【File】→【New】命令，建立一个白色背景的新文件。

在"New"对话框中设置文件尺寸，并选中"Image"单选项，如图 5-56 所示。

图5-55　水彩效果的丝绸印花图案(局部)

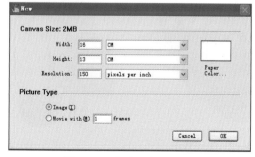

图5-56　新建文件对话框

（2）绘制草稿。

单击"Toolbox"中的"Paper Selector" 按钮右下角的黑三角，会弹出图 5–57 所示的面板，选择具有自然外观的纸张"French Watercolor Paper"，然后分别单击屏幕右上角的"Brush Category"和"Brush Variant"

两个按钮，来设置笔的类型，这里选择 2B 铅笔，用重灰色来绘制草稿，如图 5–58 和图 5–59 所示。

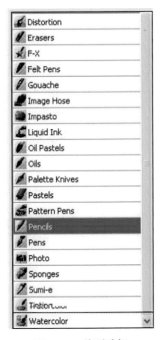

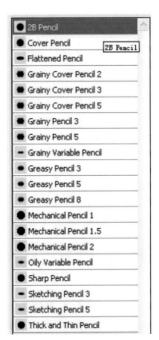

图5-57　纸张选择　　　　图5-58　笔型选择　　　　图5-59　变量选择

设置完毕，新建一个图层来绘制草稿，如图 5–60 所示。

（3）画笔跟踪。

画笔跟踪是在水彩绘制之前需要进行的很重要的设置。设置画笔跟踪，可以增加画笔的可表达性，可以更灵敏地控制画笔，绘制出光滑的笔触。

选择菜单【Edit】→【Preference】→【BrushTracking】命令，在弹出的对话框内画出笔触，然后单击"OK"按钮如图 5–61 所示。

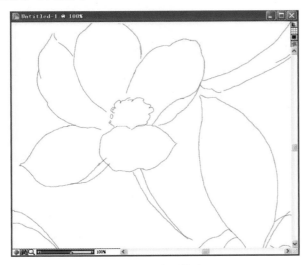

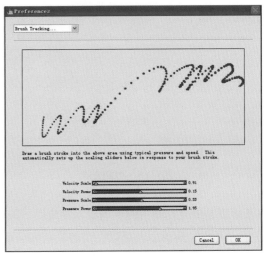

图5-60　绘制草稿　　　　　　　图5-61　设置画笔跟踪

图5-62 激活的Watercolor图层

（4）绘制第一层淡彩。

先在 Color 面板中选择一种较浅的颜色，然后选择 Watercolor 画笔的 Wash Camel 变量工具。绘制的时候会自动产生一个 Watercolor 图层，如图 5-62 所示。以较为轻柔的、均匀的压力作用于压感笔，绘制出光滑的淡彩区域，如图 5-63 和图 5-64 所示。Painter 的 Watercolor 画笔跟传统的水彩笔操作非常相似：绘制一道新的笔触时，必须紧挨着前一道笔触，稍稍交叠，以便于色彩的轻微混合。

（5）中间色调的绘制。

用中等亮度的颜色，先画比较浅的颜色，然后添加较深的色彩来构造花头及叶子的外形，从而画出画面的中间色调。根据花卉的生长结构，调整用笔的疏松程度和用笔的方向。在绘制的过程中，根据对象的大小及时调整画笔的大小和不透明度，以追求自然过渡。（图 5-65 和图 5-66）

图5-63 绘制淡彩一　　　　　图5-64 绘制淡彩二

图5-65 中间色调　　　　　图5-66 继续调整中间色调

不断地调整着色，在中间色调基本完成后，选择 Watercolor 画笔的 Dry Camel 变量工具，运用该变量工具，在笔触颜色混合的基础上，可以在淡彩区域和笔触的两端增加一些纹理，来丰富对象的颜色。然后，用 Wash Camel 画出花心。（图 5-67 和图 5-68）

图5-67　用Dry Camel绘制纹理

图5-68　用Wash Camel绘制花心

（6）流动性淡彩绘制。

选择 Watercolor 画笔的 Runny Wash 变量工具，选择一种不同的颜色在已有颜色的区域轻轻绘制，用 Runny Wash Camel 和 Runny Wash Bristle 变量工具向花瓣的深色区域添加明亮的色彩，向花心周围添加较深的彩色。Runny Wash 变量工具会使新的色彩和已有的色彩混合，但不会移走已有的色彩，出现流动的感觉。（图 5-69 至图 5-71）

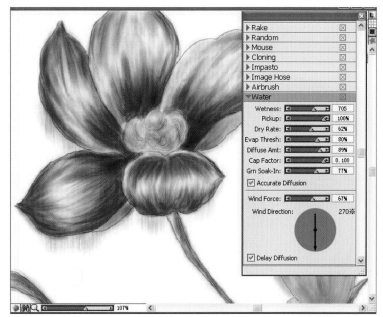

图5-69　流动性色彩及设置

图5-70　流动色彩效果一

图5-71　流动色彩效果二

（7）编辑草稿和 Watercolor 图层。

选择 Watercolor 画笔的 Eraser Dry 变量工具，并在 Color 面板上选择白色，然后擦去各个图层上不需要的部分。这里主要是擦除部分不需要的草稿线和花心的颜色。（图 5-72）

（8）添加细节及颜色调节。

为了使花卉更富有立体感、结构更清晰，我们用 Fine Camel 变量工具来增加花瓣及叶面的细节，Size 为 6~8 pixels，Opactity 约为 20%，注意压力笔的用笔方向和力度。为了使画面颜色丰富活跃，可以使用 Dry Bristle 调节颜色，增加一些茸毛的痕迹，效果如图 5-73 和图 5-74 所示。

图5-72 编辑草稿

图5-73 添加细节

图5-74 添加茸毛

图5-75 完成图

（9）成稿。

对不理想的局部进行仔细的调整，完成该水彩丝绸图案的绘制。（图 5-75）

4. AT-Design

AT-Design 是纺织品图案艺术设计的专业设计软件，AT-Design 的工具箱中有许多传统纺织品图案设计的技法工具，比如泥点 、撒丝 、云纹 、干扫 、曲线块 等，在运用和效果上最大限度地接近手绘纺织品图案的效果。

下面我们运用 AT-Design 软件，通过实例来进行纺织品的图案设计，跟手绘效果比较，对数码技术在纺织品图案设计中的应用做进一步的探讨。

（1）打开 AT-Design 软件，选择菜单【文件】→【新建】命令，建立一个新文件，参数设置如图 5-76 所示。

（2）导入草稿。

手绘草稿，通过扫描仪输入电脑。手绘草稿的尺寸分别为：宽 15 cm，高 19 cm，分辨率为 300 DPI 真彩色。也就是说，草稿跟新建文件的尺寸要保持一致。

因为 AT-Design 新建的图层都位于最下方，而且一旦建立就无法移动和调整图层的上下关系。因此在导入草稿之前，应预先设置一些新的图层备用。具体操作是：单击系统工具条上的"层管理器" 按钮，弹出"层管理器"对话框（图 5-77）。单击对话框右上角的 按钮，在弹出的工具条中选择"建立新层"就会创建一个新层。

在本例的制作中，至少预先建立 10 个新的图层。

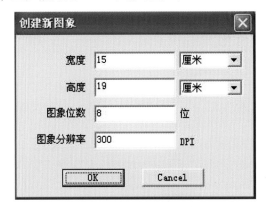

图5-76　新建文件对话框

图5-77　建立新层

单击"层管理器"对话框右上角的 ▶ 按钮，选择"读入图像"，如图 5-78 所示。

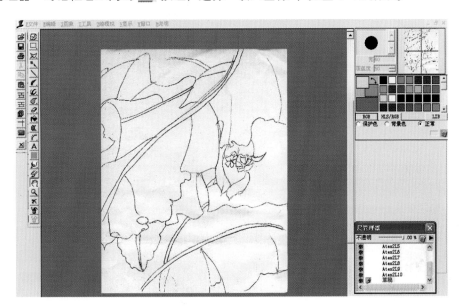

图5-78　导入草稿

（3）干笔设置。

选择【显示】菜单中的【显示主工具条】命令，单击"干笔" 🖌 按钮，窗口右边会出现图 5-79 所示的干笔面板。

风格设置：单击"风格"后面的黑色三角形按钮，设置笔的风格为"干笔"（见图 5-80）。干笔是枯笔的效果，绘制出来比较自然，不显得生硬呆板，具有非常强的表现力，是绘制本例的较为合适的工具。另外的两种风格"云纹"和"模板"都不适合本例，不宜选用。

形状设置：干笔的形状共有 0~7 八种，我们可以自行修改并存储。

选择"形状 1"，并对其进行调整：移动光标到干笔形状的框内，点住黑色节点，按住鼠标左键并拖动，干笔的形状就会随之改变。干笔的形状如图 5-81 所示。按住 Shift 键的同时，在干笔形状的框内单击鼠标左键，会增加节点；按住 Ctrl 键的同时，单击节点处会取消节点。

在后边的绘制过程中，由于花卉的生长结构不同，表达的需要不同，干笔的形状会随之调整。

方式设置：这里选取"随笔 4 点　（4）"，由四点控制，可以绘制自由变换曲线型干笔轨迹，表现力比较丰富，如图 5-82 所示。

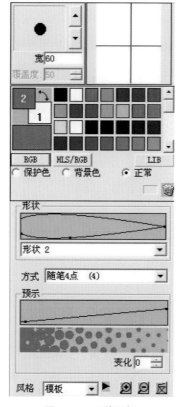

图5-79　干笔面板

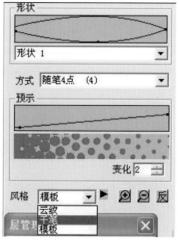

图5-80　设置干笔风格

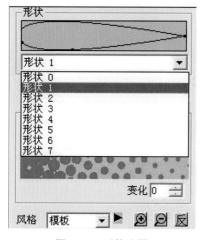

图5-81　形状设置

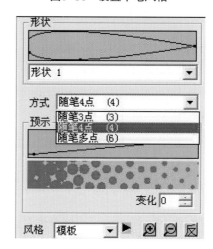

图5-82　方式设置

变化选择：选择变化值"2"，在"预示"栏里会出现干笔的预览图，光标移动到"预示"栏内，按住鼠标左键拖动节点，可以调节干笔的疏密程度和疏密渐变的位置分布，如图5-83所示。在后边的绘制过程中，需要根据花卉生长结构的不断变化来调整使用的工具。

（4）填充。

单击主工具条中的"曲线块"按钮，窗口右边弹出图5-84所示的面板，选择"随笔取四点（4）"操作方式。

单击控制面板中的"RGB"按钮，弹出图5-85所示的"颜色"对话框，调出画面需要的颜色。

把草稿图层设置为可见图层。在草稿图层上绘制最底层的叶子。沿草稿轮廓线隔一段距离连续单击左键，会出现一条虚曲线，按住右键拖动虚曲线的"+"字控制点以调整曲线弧度，得到适合轮廓，按空格键确认曲线完成，曲线自动封闭，如图5-86所示。双击空格键进行前景色填充。在不同的图层上对不同叶片进行色块填充。

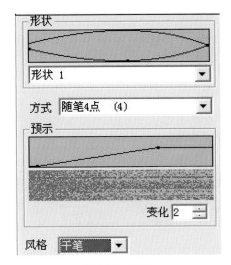

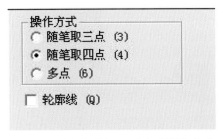

图5-83　预示　　　　　　　图5-84　选择"随笔取四点（4）"操作方式

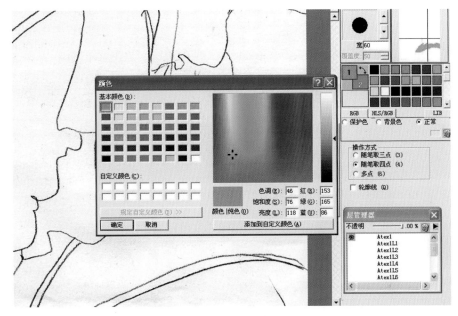

图5-85　色彩选择

为了便于绘制，我们一般选用"混色模式"，如图 5-87 所示。

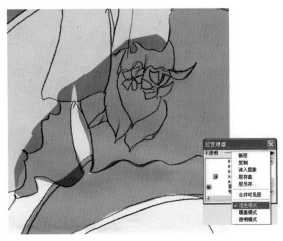

图5-86　绘制轮廓　　　　　　　　图5-87　选用"混色模式"

图5-88 覆盖模式

在覆盖模式下查看填充的色块，可以对色块做进一步调整，对没有填充到位的地方再次进行填充，以免漏白，效果如图5-88所示。

（5）着色定位。

选择主工具条中的曲线工具按钮 ，在控制面板上设置笔宽为3 pt，操作方式为"随笔取四点（4）"。在各个色块层上，用接近于色块色彩的颜色对着色的位置进行定位，以便于绘制色彩，如图5-89所示。

（6）叶子的绘制。

根据表现的需要，先绘制花头下方一层的叶子。具体的参数设置如图5-90所示。

在干笔图层的上层，扫入更重的颜色，并在下层叶面亮部扫入同色系亮色，以增强叶面的立体感。色彩及干笔的设置和效果如图5-91所示。

绘制完毕，把其他图层设置为不可见图层，保留该叶面的所有层次，单击"层管理器"对话框右上角的黑三角形按钮，选择"合并可见层"命令，把该叶面的所有层次合并到图层Atex1L6L3上，以备最后调入使用，并把该层进行"层存盘"，如图5-92所示。

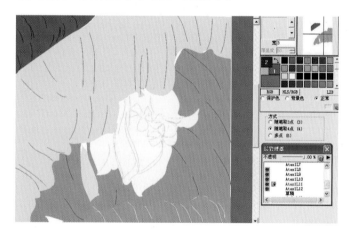

图5-89 着色定位

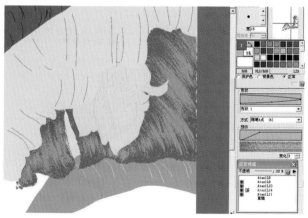

图5-90 绘制叶子并设置参数

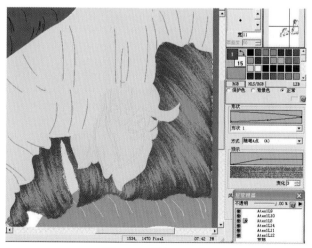

图5-91 增加深层次

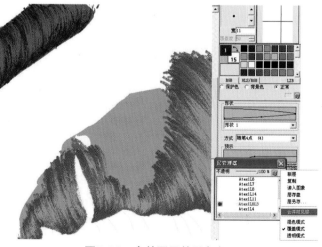

图5-92 合并图层并层存盘

其余各层叶子用上述同样的方法绘制，完毕后分别进行"层存盘"，备用。

(7) 叶茎的绘制。

叶茎的绘制有别于叶面的绘制，我们采用泥点工具。

选择主工具条上的"曲线块" 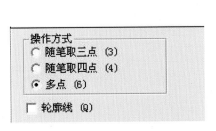 按钮，在窗口的右边弹出控制面板，选择操作方式"多点（6）"选项，在叶茎位置绘制轮廓，双击空格键进行填充，如图5-93和图5-94所示。

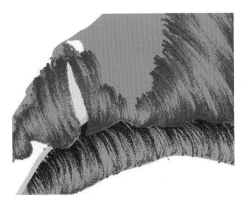

图5-93　选择操作方式　　　　　　　　图5-94　叶茎填充

选择主工具条上的"魔棒" 工具，与此同时，主工具条上的"区域"工具会被同时选中，并在窗口右边的控制面板上出现相应的选项，"允许误差"设置为"0"，对"包含内部颜色"不做选择。然后在上一步的"曲线块"填充的位置单击，则刚才所填充的区域被选中。这样做的目的是在使用泥点工具的时候，所喷射的泥点会被限定在所选区域内，而不至于喷到不需要的部位，影响效果。（图5-95）

选择主工具条上的泥点工具 ，在窗口右边弹出图5-96所示的控制面板。"点密度"设置为"4"；"点形状"设置为"2"；由于此处变化比较细腻，"点大小"设置为"1"，如果需要大的点，则可增大该数值；喷射方式选择"向内喷"。在喷射泥点的过程中，根据需要可随时更改上述设置。最终喷射出叶茎的立体感，得到效果如图5-96所示。

图5-95　选择填充区域　　　　　　　　图5-96　泥点叶茎

(8) 花头绘制。

因为花头的层次较多，在读入花头图层之前，预先建立几个图层备用。花头的绘制依然选用干笔工具，干笔的各项参数设置如图5-97所示。

图5-97　绘制花头及设置参数

　　花头的绘制方法与叶子的绘制方法基本一致，也是在每个图层上绘制不同明度和色相的色彩，通过干笔参数的不断调整，把花头的明暗关系、虚实关系、立体感表现出来。不断地调整各个对比关系，直至满意。最后把花蕊用较重的熟褐色点入，然后"层存盘"。花头效果如图 5-98 和图 5-99 所示。

　　把各个图层设置为可见图层，经过进一步调整，最终完成效果如图 5-100 所示。

图5-98　花头效果一

图5-99　花头效果二

图5-100　完成图

第二节
服饰图案的生产实现

　　服饰图案的输出方法有很多种，其实现的方法更是不胜枚举，大体上可以分为四类：加法、减法、变形法、综合法。加法主要有布贴、丝网印、手绘、喷绘、扎染、蜡染、带饰、珠片绣、特种刺绣、彩绣、绳结饰、叠加堆饰、数码印花等，减法主要有镂空、破损、抽纱等，变形法包括堆叠、抽褶、缩缝、扎结等，综合法是把以上几种技法综合使用得出来的服饰图案效果。

一、数码印花实现服饰图案

（一）数码印花的概念

　　数码印花是一种全新的纺织印花，是随着计算机技术不断发展而逐渐形成的一种集机械、计算机电子信息技术为一体的高新技术产品，也被称为数字式纺织品印刷。数码印花是代替以往的纯手工描绘，通过各种数字化手段，如扫描、数字相片、图像，或者充分运用绘图软件或专业设计软件将计算机制作处理的各种数字化图案，用电脑，通过数字形式设计并输入到计算机，然后通过计算机印花分色描稿系统（CAD）编辑处理，再由计算机控制微压电式喷墨嘴把专用染液（活性染料、分散染料、酸性染料或者涂料）直接喷射在棉、麻、丝、化纤等织物上，形成所需要的图案；或者喷射到转印纸上，作为热转印图案，再转印到面料或服装上。

（二）数码印花的工具材料

数码印花主要的工具有高速电脑、数码印花机、各种材质的服装面料以及与之相对应的数码喷墨墨水、后整理所需的高温蒸化设备、水洗及烘干设备等。

（三）数码印花的工艺流程

数码印花的工艺流程如图 5-101 所示。

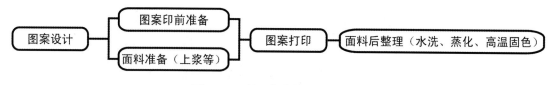

图5-101　数码印花的工艺流程

（四）数码印花的操作

数码印花是设计者利用 CAD 系统进行工程设计的过程。其基本特点是"人机配合，取长补短"，"即时观测，即时修改"，"图入图出，随用随出"。因此，相对于其他的服饰图案的实现途径，数码印花相对来说还是操作简便一些。其主要的操作过程如下。

1. 图案设计

设计师可以通过各种设计软件进行图案设计，对图案的构图、颜色搭配等进行设计、修改，遇大面积的印花，还要进行接版以形成四方连续或二方连续图案。设计师也可以把手绘稿扫描入电脑，再进行修改、接版、变换色调等操作，最后进行电脑分色处理以备印花。

2. 面料印前处理

根据面料的特点进行相应的印前处理，比如上浆。上浆的目的一是可以避免打印过程中布料卷边；二是为了防止喷印过程中颜色渗化而导致的图案边缘模糊虚化，上浆后打印的图案边界清晰，图案效果好；三是浆料促进染料的上色。

为了保证织物表面的平整，不出现纬斜，一般采用平板式上浆的方式。上浆须上在面料喷印图案的一面。

3. 数码印花

为了保证面料、衣片的平整性，一般采用导带式数码印花机进行喷印。

在导带上固定好织物位置，然后进行喷印，尤其是衣片上的局部印花，一定要先试喷，确定好位置后进行固定，然后再喷印，否则很难保证图案准确地喷印到所需位置。一些难以在传统印花中实现的图案效果，数码印花都能轻而易举地实现。这也是个性化时代数码印花机走俏的主要原因。

4. 后整理

（1）高温蒸化：可采用箱式蒸箱，这是为配合导带式数码印花而开发的一种蒸箱，操作简便，适合小批量生产使用。高温蒸化的目的一是去掉面料中的浆料，二是可以起到高温固色的作用。具体的蒸箱操作可参看蒸箱专业资料。

（2）水洗烘干：水洗可以根据面料特点进行，冷水洗或温水洗，也可以采用皂液水洗，然后温水洗完后用冷水冲洗干净，最后烘干。

（五）数码印花的注意事项

（1）校色：电脑屏幕显示的色彩效果与实际印制的布料颜色会存在色差，根据色卡进行校色，最大限度地减少色差。如果在设计时直接输入色卡颜色的数值，可以保证成品的色彩效果。

（2）设计考虑批量生产：虽然数码印花不像传统印花受工艺的限制，可以印制"所见即所得"的色彩，但考虑到批量生产可能产生的色彩差异，所以在设计时还应该尽量以较少的色彩种类体现较好的图案色彩效果。

（3）注意导带上面料的位置固定，以确保图案在面料和衣片上的位置。（图5-102）

图5-102　导带式数码印花（衣片）

数码印花成品如图5-103至图5-106所示。

图5-103　数码印花（《归来》 王伟霖）

图5-104　数码印花（《溢》 陈易保）

图5-105 数码印花(《蝶恋花》 李愿霞）　　　图5-106 数码印花(《旅行的意义》 张健）

二、丝网印花实现服饰图案

丝网印刷是利用丝网孔目中漏下颜料的方法来实现服饰图案的，它有印制原理简单、操作方便、色彩鲜艳、覆盖力大、图像没有左右颠倒、印刷设备简单等特点。

（一）丝网印花的概念

丝网印花工艺与蓝印花工艺异曲同工，都是漏版印花，可以说是在蓝印花的基础上发展来的。蓝印花布印制需要先印"主版花"，再印"盖版花"，即盖到主版上的"过桥线"，运用蓝印花布的型版工艺不可能用一张版完成印花，日本人据此想出了用发丝连接各自断开的花版，使用一套版便完成了一幅图案的印制，这是丝网印花的雏形。这些技术传到英国、法国等国家后，被真丝绢网代替，出现绢网印花。随着新材质的出现和工艺的进步，后来出现了平网印花和圆网印花。（图5-107）

图5-107 手工丝网印版

（二）丝网印花的工具材料

（1）网框：分木质和金属两类。木质网框一般用于手工绷网，木质要干燥，不易变形；金属网框多用铝合金等不易变形的金属材料，多用于较为精细的版及机械印花。网框的尺寸根据印花的尺寸而定。

（2）丝网：最初是真丝绢网，现在常用的是锦纶丝网、涤纶丝网、不锈钢丝网。手工操作的丝网目数一般在150~250目之间，较为精细的版目数在300~400目之间。

（3）绷网夹、粘网胶、钉子：手工绷网一般用木质网框，丝网比网框各边长出5~10 cm，用绷网夹夹住，各边拉力均匀后用钉子钉牢，后用粘网胶在丝网与网框接触的面的四边刷好加固。金属网框的绷网用专用的绷网设备，工艺相对复杂，多用于机械印花中。

（4）网框定位器、承印台：网框定位器用于固定丝网印框与承印台以便印花；承印台是放置承印物的台面，要大于承印物的面积且要求平整光洁。

（5）刮刀：一般分为平口刀、斜口刀、圆口刀等，主要用于在印花中刮印色浆，刀口为橡胶材质。刮刀根据用途又分为机械印花用刮刀与手工刮印刮刀。金属材质的刮刀主要用于刮制感光胶于丝网面上。

（6）其他材料：主要是感光胶、感光台、冲显池、暗房等。手工制版用品如漆膜纸、毛笔刻刀等及相关化学助剂、工艺辅助材料等。

丝网印花工具如图5-108所示。

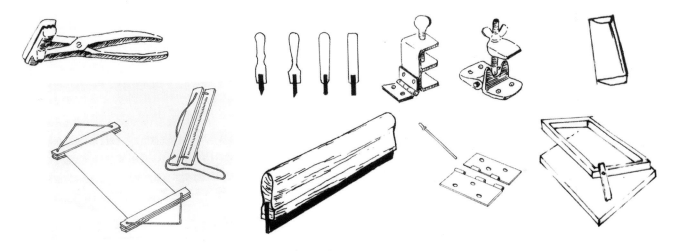

图5-108　丝网印花工具

（三）丝网印花的工艺流程

图案设计—绷网—丝网版—印刷—蒸化、水洗、固色等。

（四）丝网印花的制作方法

1. 丝网的制作方法
丝网印花首先得学会丝网的制版，丝网的制作方法主要有以下三种。

1）封网制版法

封网制版法即用封网胶直接在丝网上封堵网眼形成图案。封网制版法最大的特色是自由性、方便性。制版时可以直接在丝网上打铅笔稿或是将稿图透印在丝网上，用封网胶涂盖不印部分便可完成制版。表现手段丰富灵活。（图5-109和图5-110）

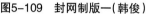

图5-109　封网制版一（韩俊）

图5-110　封网制版二（韩俊）

图5-111　刻膜制版（孙伟萍）

2）刻膜制版法

刻膜制版法多用于小面积丝网、大块面图形印制上。

膜的性质有水溶性的和油溶性的，也有万能型的，其原理大同小异。

胶膜板一般是由上层的刻制膜层和下层的支承层贴合构成的。刻制时主要是刻制上层，刻去图案之外不要的区域，将需要的膜面覆于丝网底面，采用与胶膜相应的溶剂或热压方法贴牢在丝网上。也可以用广告招贴用的即时贴作为替代物进行刻版，从刻制到粘贴非常方便，缺点是牢固性差，所以无法进行高品质大批量印制。（图5-111）

3）感光制版法

感光制版法相对上述两种复杂些，但其基本原理一样，分为直接感光制版法和间接感光制版法两种。（图5-112）

直接感光制版法首先需要准备曝光好的、黑白清晰的负片照相稿阳图，或者在涤纶薄膜或硫酸纸上手绘而成的黑白稿阳图。然后，在暗房将丝网上刮制好感光胶，待干后使用。感光制版工艺与冲洗照片工艺大体相当，曝光由专门的晒版机来完成，在阳图前加上各种网点还可以做成灰色调的效果。

图5-112　感光制版（王慧）

间接感光制版法不是直接在丝网版上感光，而是将阳图曝光在红菲林上后，转移贴在丝网上方可印制。

丝网印花设计稿设计完毕，确定丝网印花的工具、设备、材料及制版方法后，就可以开始印制。可手工印花，也可机械印花，无论哪种印花，其印花工艺和原理都大致相同。

2. 丝网印花的制作方法

我们以简单、方便的手工印花印制纺织品为例来进行讲述。

丝网印花的网版一般是多套版，印制之前先做好记号或校正器。校正器即用硬纸板做一个夹板，固定在放置承印物的一边。先用纸试印，正确后，其余的承印物都在该位置印制。或者用透明薄膜片描好每套版的图形，作为校正图形使用，再行印制也可。

印制之前要确定丝网版在堵版、漏版等方面没有质量问题后，方可上印台或上网夹对矩规开始印制。多套版印花时更要注意对版位置的正确性，否则便会产生错版、糊版、搭色等问题。

印制不同材质的纺织品面料，注意选用不同的染料、糊料、助剂等，并在印制完毕采取相应的后整理工艺，以保证色牢度。

在印花过程中不但要严格考虑印花浆料，而且要十分注意刮浆力度等问题，特别是手工刮浆在给浆料方法和刮浆力度方向上都有不同的技法，所印制出来的花纹则各具特色。

印花时有单独纹样和连续纹样之分，印制连续纹样时，不论是网动还是布动，一定要考虑到接版问题。只有全面注意各细节，才能印制好花纹。

（五）丝网印花的注意事项

（1）在印台或桌面上确定好校正器，以保证图案的位置准确。

（2）套印时确定好印制数量，并留底稿，作为每次印制的色彩指标。

（3）印制过程中，不宜停顿休息，以免网上出现沙孔，如出现需立即用胶带纸贴补，防止颜料错印。

（4）若印制数量较大，颜料中可加入慢干剂，防止堵塞网目。

丝网印花成品如图 5-113 至图 5-117 所示。

图5-113　丝网印花一

图5-114　丝网印花二

图5-115　丝网印花三

图5-116　丝网印花四

图5-117　丝网印花五(王斌)

三、扎染技法实现服饰图案

(一)扎染印花的概念

扎染是织物染色时部分扎结起来进行防染的染色方法,民间又称为"撮缬""撮晕缬"或"撮花"。在面料上先按设计意图以针缝线扎,染色时其局部因机械防染作用而得不到染色,形成预期的花纹。扎染的代表作品有"鹿胎缬""鱼子缬""醉眼缬"等。扎染制作简便,风格样式大方,有单色染和多彩染,花纹图案晕色浪漫,变化多端,一般可以分为缝扎法、夹板法(即夹染)、打结法和折叠法。

（二）扎染印花的工具材料

1. 服装面料

棉布、丝绸、纯毛织物、纯麻织物、粘纤、锦纶纤维织物等。

2. 染料

直接染料、酸性染料、活性染料等，均可使用。染料与药剂要根据不同的面料来决定，不同的面料有其相应的染料和药剂，同时不同的扎染工艺所选择的染料、染色方式也各有不同。化纤面料由于其相应的染料、染色工艺的局限性，在扎染工艺中很少运用。

3. 扎结工具

无弹性的棉线绳、毛线、尼龙线、麻袋线等，都可以用于扎结。还可以运用扎捆的丙纶撕裂膜扎线（即我们常见的塑料打包线），它可以根据扎染需要分成粗细不等的线段，扎染时可以产生不同的艺术效果，并且经济实惠。另外，还可以用橡皮筋和弹簧等。

4. 浸染设备

浸染设备包括染锅、染缸、浸染槽、洗衣盆等容器。染锅、染缸一般是不锈钢或搪瓷材料。染锅一般是用于高温染色的，而浸染槽、洗衣盆、染缸则是用于低温冷染的。染锅、染缸的大小是根据每次所染织物的多少来决定的。加热炉的大小是根据染锅、染缸的大小来决定的。加热炉的种类有煤气炉、电炉、炭炉、酒精炉、煤油炉等，以方便染色工艺为标准。

其他如缝衣针、钩针等是用于缝扎和钩扎面料的，水洗可以用洗衣机，布料整理可以用电熨斗，配制染料、药剂还需要准备天平、量杯等，操作时还需要塑胶手套、搅拌器具、温度计、剪刀等。

（三）扎染印花的工艺流程

图案设计—面料准备—面料扎结—浸染—后整理（高温蒸化、水洗、固色等）。

（四）扎染印花的方法

1. 坯布的处理

扎结前根据坯布织物本身的特性及扎染对于坯布的要求进行处理净化以便于上色，即进行煮练、退浆、漂白等。

2. 扎染技法

1）自由扎

自由塔形扎是面扎染的最基础扎法，也是最方便的扎法，也可以说是放大了的"鹿胎缬"，反过来说，就是指自由扎的面不能太小，扎制时只需任意提起织物的一角，用线自由捆扎，捆扎线的长短、粗细自定，捆扎要紧，但不要太密，否则就少了扎染的色晕味。绕线可以自上而下，或自下而上。扎紧后的面料造型像宝塔。根据自由塔形扎可以发展出自由环形扎等。

自由环形扎，圆圈的大小取决于扎捆部分与顶点距离的远近。距离长圆圈大，距离短圆圈就小。这个距离即圆圈的半径，扎结几次，便出现几个同心圆图案。需要防染的部分，用绳捆扎紧就可。（图 5-118）

2）针缝法防染

缝的方法比较多，基本的有平缝和层缝两种。可以根据图案需要，创造出多种针缝方法。

（1）平针串缝：最基础的线扎，针脚间距离根据面料的厚薄，一般设定为 0.5~1 cm，针脚太密或太宽，效果一般都不一定理想，所用的

图5-118　自由扎

缝线要牢固，可以采用双线缝。缝线要一线到底，中间不能接线，否则不容易抽紧扎线。扎线串缝完后，扎线头尾分别抽紧打结固定，越紧越好。这样在染色时才能使花纹清晰。跳针串缝与单层串缝（见图5-119）基本一样，只是改变了针脚的距离，方便行针设计的同时又产生了不同的花纹效果。

（2）折叠串缝：对折、三折、四折等串缝只需将织物面料折后再沿折线走针，针脚大小设定为0.5~1 cm，走针离折线边距离一般为0.5 cm左右，不能太远，太远则成了两行单层串缝，会影响效果。（图5-120）

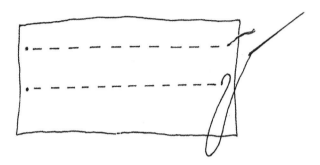

图5-119　单层串缝(鲍小龙)

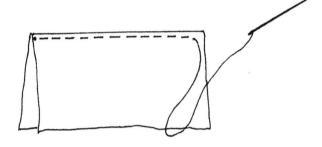

图5-120　折叠串缝(鲍小龙)

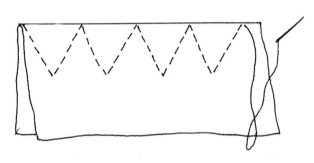

图5-121　方胜串缝(鲍小龙)

（3）方胜串缝：方胜是古代妇女的一种首饰，呈菱形，这里是指针法扎染的走针不但可以是直线、曲线，同时也可以走折线。折叠的方法可以是对折、三折、四折等，当然，也可以不折叠面料来设计方胜串缝。方胜的大小和走针的多少，是根据情况而定的。（图5-121）

（4）绕针串缝（包边串缝）。绕针串缝与前面其他的折叠方法有所不同：前面几种扎染方法可以是串缝完后再拉紧；绕针串缝则必须边绕边抽紧，否则绕弯后再拉就非常困难。所谓绕针就是针脚线必须绕过对折线。绕线长短、针脚大小需视情况而定。

3）扎缝结合法

扎结法和针缝法相结合，优势互补，将事先设计好的图案实现染色。一般是先缝后扎，这种方法避免了单纯扎或者单纯缝导致的图案单调的缺陷，使图案表现手法多样，图案效果丰富，层次感强。主要有以下图案表现方法。

（1）大梅花扎。

先要设计好画稿，大梅花图形的走针可以分花蕊和花瓣两部分，花蕊部分的走针和花瓣部分的走针是各自分开的，整个花形要大些，花蕊部分小些，两道扎线走针完成后抽紧，可以按自由塔形扎方法，将花瓣部分用扎线绕紧，而花蕊空出。绕线注意点同自由塔形扎。（图5-122）

（2）十字花扎。

按一个中心点将织物对折后再对折，走针，串缝完后用自由塔形扎方法绕紧，十字花的花形要略大些才能看出效果。（图5-123）

（3）佩兹利法。

佩兹利花纹如同水滴状，整个造型以圆弧为主，只有一个尖角，非常美丽。这里说明的是扎染中的入针问题，即扎染时入针点与收针点都必须在同一尖角点上，扎紧后中间的面料再做自由塔形扎。

（4）满针法。

满针法就是由一组紧密相靠的单层串缝线所构成的面。满针法可以分为自由满针法、错位满针法、平行满针

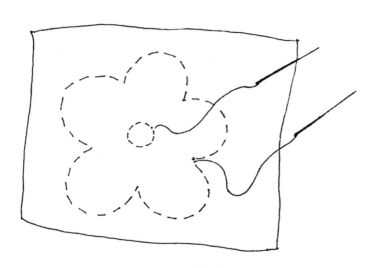

图5-122　大梅花扎

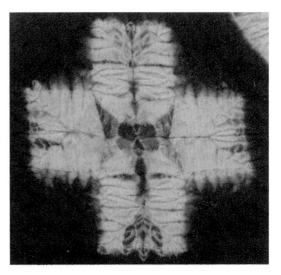

图5-123　十字花扎效果(鲍小龙)

法等。这几种方法的区别在于各行之间针脚排列的不同，同时要注意各行之间的距离不能太大，缝制完后，每条扎线要各自单独抽紧打结，染出的效果方能生动美丽。

（5）小蝴蝶扎法。

小蝴蝶扎法是古代扎染技法的重要代表之一，扎染技法相对比较繁杂，要注意扎染的步骤：

a. 将布料对折后分成三等份，每个折角为60°，布料按前后方向对折。

b. 从折叠后的尖角点位置向下折1 cm左右的布料。

c. 从下折后的尖角点处入针，绕过折线，在同一尖角点处重新入针，抽紧绕线，用同样的方法再绕针扎一次，抽紧打结即成，注意两根绕线必须分开。（图5-124）

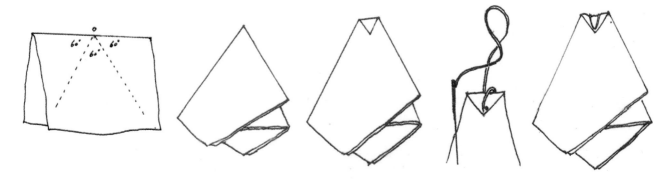

图5-124　小蝴蝶扎法

（6）包豆子扎法。

包豆子扎法是古代一种常见的扎染方法，即在扎染的面料中包入豆子、玉米或小石子等不会被染也不会被破坏的硬物，如同自由塔形扎一样将其扎紧，染色后的效果与自由塔形扎的有所不同。（图5-125）

（7）打结法。

打结法一般可以分为长条打结法、边角打结法、斜角打结法和多点打结法等。打结的力度不能太紧，也不能太松，太松则染不上花纹，太紧就不容易解开。（图5-126 至图5-129）

3. 染色效果及注意事项

（1）染液浓度的影响。

当染液浓度增加时，被纤维吸收的染料数量也会相应地增加，但是有一个最大限度值，即染液浓度虽然可以

图5-125　包豆子扎法及其扎染效果

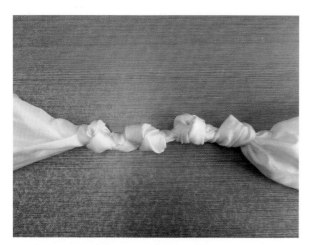

图5-126　长条打结法

图5-127　边角打结法

图5-128　多点打结法

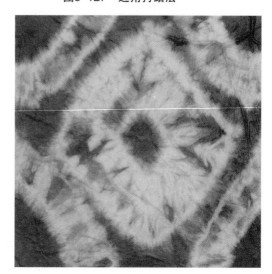

图5-129　多点打结法扎染效果

决定染色的深浅，但超过纤维吸收最大值时，纤维颜色不会相应加深。染色是为了将织物颜色深浅达到预定要求，染料的用量是与织物重量成百分比关系来决定深浅浓度的，例如1%深浅浓度即100克织物用1克染料染色的关系。另外，还有染色中的浴比关系，就是在染色时织物重量或体积与染液重量或体积之比，染液包括染料和水。一般情况下，浴比的大小不会影响织物染色深浅，染色深浅只与织物和染料成比例，浴比大一些，染色可以均匀一些。如果面料深浅要求十分严格，特别要注意在扎染时面料与染料的深浅比例关系，要考虑到扎染后面料里面部分染不上底色，否则染后面料会比预期效果要深些。蜡染工艺同样如此。

（2）染色温度的影响。

一般说来，染色温度高些，染色效率相应也会提高。染色开始时会渐渐升温，结束后会慢慢降温，其中有一个保温过程。温度在 60 ℃ ~ 70 ℃之间时上色率大，温度过高或过低都不能很好地上色，温度过高还会影响面料的品质。

（3）染色的时间影响。

染料的吸收率和染色的时间也大有关系。染色时间太短，染料则来不及被吸收；染色时间太长，面料吸收达到最大值也不一定是最好的效果。

（4）纤维自身的影响。

纤维本身在水中的物理性状和染料的吸水率有关系，和在水中的膨化程度及毛细管效应也有关系。染前要对面料做预处理，如退浆、漂洗等，才能得到很好的染色效果。

扎染印花成品如图 5-130 至图 5-134 所示。

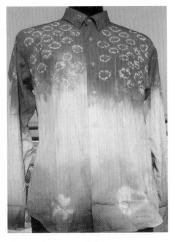  

图5-130　扎染服装（鲍小龙）　　图5-131　扎染服装（淘宝店铺:云饰图腾　　图5-132　扎染服装（Emilio Pucci）
老绣民族风小店）

图5-133　扎染丝巾一　　　　　　　　图5-134　扎染丝巾二

四、蜡染技法实现服饰图案

(一) 蜡染印花的概念

蜡染是我国古老的民间传统纺织印染工艺。蜡染是用蜡刀或毛笔蘸熔蜡绘画于布后以蓝靛浸染，去蜡后布面就呈现出蓝底白花或白底蓝花的多种图案。同时，在浸染中，作为防染剂的蜡自然龟裂，使布面呈现特殊的"冰纹"，尤具魅力。

从最早发现的埃及公元5世纪至6世纪的蜡染织物到现在五彩缤纷的蜡染图案，蜡染经历了一个漫长的发展时期。蜡染的技法多种多样，出现变化纷呈的蜡染效果。蜡染效果的丝绸图案一般运用各种技法，通过手工来实现。蜡染图案在具有民族风格的服装中多有运用，现在也常用于一些创意服饰上。

(二) 蜡染印花的工具材料

1. 面料

蜡染所用面料以天然纤维为主，主要有棉、麻、丝、毛，也常采用粘纤类面料。运用最多的是棉布，一般用材较厚，适用范围较广，制作方便。

2. 蜡

蜡是蜡染工艺中必备的材料，主要有石蜡、木蜡、蜂蜡。石蜡是矿物合成蜡，为白色般透明固体，熔点较低，在58~62 ℃之间，黏性也小，容易出现蜡裂纹，同时也容易脱蜡，是画蜡的主要材料，一般五金化工商店都有出售。蜂蜡也称蜜蜡或黄蜡，是从蜜蜂巢中提取出来的，一般为黄色般透明固体，性质与石蜡相反，黏性很强且不容易碎裂，多运用于蜡染画线，熔点在62~66 ℃之间。

在实际运用中石蜡与蜂蜡是根据画面的效果来调配的，混合比例一般为60%的石蜡兑40%的蜂蜡，石蜡比例多则冰裂纹多，反之，蜂蜡比例多则冰裂纹就少。

木蜡是植物性的蜡，性质介于石蜡与蜂蜡之间。

3. 染料

因为蜡的熔点低，不能在高温中染色，所以蜡染的染料一般为低温型染料。低温型染料一般常用的有活性X型、纳夫妥染料、还原染料，这些染料一般只用于染棉布。如果用于真丝面料，则宜运用酸性染料，而酸性染料需要高温染色，这里就需要采用特殊的蜡染工艺制作，高温蒸化、固色处理后才能达到理想效果。

4. 松香

松香是一种混合在蜡液中使蜡染增加细小冰裂纹的材料，但不可多加，否则蜡在面料上容易松碎剥落。

5. 画蜡工具

蜡刀：我国云贵地区常使用的画蜡工具，因其蘸蜡较少，画长线较困难且绘制速度较慢，所以灵活掌握它需要有相当熟练的技巧，方能运用自如，得心应手。

蜡壶：在印度等东南亚地区运用较为广泛，蜡壶内容蜡较多，蜡嘴尖细，画蜡方便且容易控制蜡线粗细，只是手握方式不太方便，虽然在蜡染制作中运用较多，但市场上很少见到，只能自制。

铜丝笔：又称为卡拉姆卡笔，相对于制作蜡壶其制作要方便得多，先取一根细木棍，如铅笔、水彩笔、油画笔杆之类，将一根3 cm左右长度的铜针或小铜片固定在笔端，再将羊毛或头发一类织物绕在铜针上面，绕成一小团，最后用细铜丝裹在小团外围，这样铜丝笔就做成了。铜丝笔具有很好的蓄蜡保温性，便于画蜡线。

其他毛笔、排刷、刻针笔等都可以用来作为画蜡的工具，它们绘制的效果与蜡刀、蜡壶相比各具特色，特别是在技法运用上更胜一筹。还有画框和拷贝台，都是蜡染制作中不可缺少的工具。

蜡染工具如图5-135和图5-136所示。

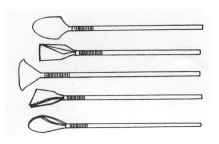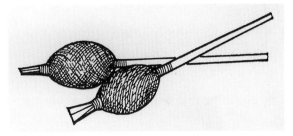

图5-135 蜡染工具(蜡刀、铜丝笔)

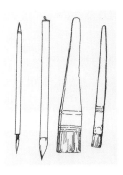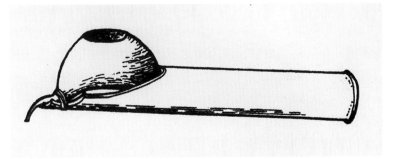

图5-136 蜡染工具(笔刷、蜡壶)

(三) 蜡染印花的工艺流程

面料整理—绷框、起稿—画蜡、上色—去蜡、后整理。

(四) 蜡染印花的操作

1. 面料整理

先将棉布漂白洗净，然后煮练去蜡，以便于更好上色。

2. 绷框、起稿

蜡染设计画稿首先要考虑是否适合蜡染制作工艺，另外画稿大小要略小于面料。将面料绷于画框上，然后把图案轻轻拷贝于面料上，尽量保持面料干净整洁。蜡染时面料需要架空画。如果平放在桌面上画蜡，桌面不但会影响蜡温，还影响织物吸蜡，也不方便上色。(图 5-137)

图5-137 起稿

3. 画蜡及手工蜡染的技法

画蜡时要笔笔精到，不可草率，特别要注意蜡液不可错误滴漏在无须画蜡的部分，否则蜡液无法去除干净，影响染色。画蜡的技法主要有以下几种。（图 5-138）

（1）笔、刷绘蜡法。

笔、刷绘蜡法是现代蜡染最常用的方法，根据所画蜡染的内容用不同的笔在面料上画蜡，不同的笔绘出的内容不尽相同。

（2）蜡壶、蜡刀画蜡法。

蜡壶、蜡刀是传统蜡染的代表性工具，蜡壶可以绘制较细的线，难点是技法较难掌握。

（3）缝扎蜡染法、晕蜡法。

缝扎蜡染法是将面料通过扎染的工艺扎好后投入热的蜡液中浸蜡，取出待蜡凝固后解开扎线，然后低温上染料，得到既有扎染效果又有蜡染效果的图案；晕蜡法是在画蜡并染色后的面料上用电吹风吹所画的蜡，使其晕开融化，然后染色，形成深浅层次。

（4）型版盖印法。

用铜制的花版蘸热蜡，然后迅速地盖印于面料上，可得到大批重复的图案花纹。

（5）刮蜡、刻蜡法。

运用比较尖细的钉子、刮针、刻笔等，在画好蜡的面料上刻画，染色后刻画之处留下花纹。

（6）泼蜡、滴蜡法。

将蜡液自由地泼在或者滴在面料上，可以直接泼，可以用刷子蘸蜡后甩，也可以点染。

蜡染所表现的自由龟裂的冰纹效果是其他技法所无法比拟的，因此受到广大消费者喜爱。

图5-138 画蜡

4. 上色

画蜡结束后就可以上色，染色可以分为低温染色和高温蒸化处理两种方法。低温染色只需将画好蜡的面料投

入染锅中直接染色；而高温染色需要先在面料上上色，然后通过高温蒸化处理固色，方能达到要求。（图5-139）

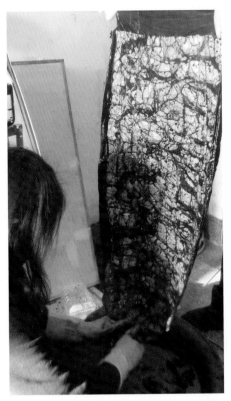

图5-139　上色

5. 去蜡及后整理

低温型染料染色去蜡需要通过高温皂煮，而高温型染料染色在高温蒸化前必须将蜡用力搓去，将面料夹于报纸之间，用电熨斗反复熨烫，直至蜡被报纸吸收干净，再进行高温蒸化。在蒸化面料的正反面各覆一层报纸，然后根据蒸锅的大小按手风琴式折叠或圆筒式折叠，并用绳子固定牢。高温蒸化后的面料方可进行水洗、固色等后整理工作。（图5-140）

图5-140　去蜡

（五）蜡染印花的注意事项

（1）火碱容易有腐蚀性，配置打底液需戴橡胶手套予以保护。

（2）画蜡时根据图案表现采用相应技法，注意不要滴蜡。

（3）把握好石蜡和蜂蜡的配比，冰纹才能达到理想效果。

蜡染印花成品如图 5-141 和图 5-142 所示。

图5-141　棉布蜡染作品（熊欢）

图5-142　真丝蜡染丝巾（鲍小龙）

五、刺绣抽纱实现服饰图案

（一）刺绣抽纱的概念

　　刺绣是针线在织物上绣制的各种装饰图案的总称，就是用针将丝线或其他纤维、纱线以一定图案和色彩在绣料上穿刺，以缝迹构成花纹的装饰织物。它是用针和线把人的设计和制作添加在任何存在的织物上的一种艺术。

　　"抽纱"一词原指在棉麻布上绣花，线称为纱，根据设计好的图案纹样抽去布料上的经纱或者纬纱，然后通过勒、绣、编、锁、雕等针法，制成各种不同风格的抽纱制品，称为"抽纱"。南方习惯称为"抽纱"，北方习惯称为"绣花"。

近年来，抽纱刺绣行业迅猛发展，花色品种不断增加，把各种手工花边、机绣制品、绒绣等都列入了抽纱制品，产品的内容大大增加，抽纱刺绣的内涵和外延越来越大了。（图5-143和图5-144）

图5-143 抽纱图案（姜红会）

图5-144 刺绣图案（淘宝店铺：茧家）

（二）刺绣抽纱的工具材料

（1）绣花针：长短、粗细各不相同的针，手绣以12号针为宜。

（2）绣花线：丝线、人造丝线、棉线、尼龙线、金银线、人发、兽毛等，细毛线也可以。

（3）绣花面料：府绸、棉布、麻布、涤棉等。

（4）绣花绷子：又叫绷子、圆绷子。由内、外绷组成，外绷有活动的螺丝，能调节圆圈大小，使内绷恰好嵌入，二者合为一体。使用前，应该先用细布条将内、外绷缠好，以免损伤面料。

（5）其他工具：弯头小剪、熨斗、拷贝桌、绷带等。

现在机绣工具，除上述工具外，还有缝纫机、电脑多头绣花机、绣花板等。

抽纱的材料不外乎布和线。

布：原来以进口原料为主，随着我国棉纺织业的发展，除了极少数的原材料进口外，大部分材料都是国产的。原来以棉麻布为主，现在发展为化纤的涤棉、纯涤纶、涤麻、的确良、玻璃纱、凤尾纱等。

以淡色布为主，少用深色。

线：多用棉线、丝线，大多用以白色、淡黄色为主的淡色线，少用深色线。这主要是受消费者的使用习惯所影响，我们应该了解市场，选择合适的原料。

（三）刺绣抽纱的工艺流程

刺绣与抽纱的工艺流程基本一致，我们以手绣为例说明其工艺流程：

布料选择—绷布—设计图案—画稿—绣线选择—针法确定—绣花。

（四）刺绣抽纱的技法

我们以手工刺绣抽纱为例来讲述刺绣抽纱实现服饰图案的技法。其技法就是我们常说的针法，也叫工种，是刺绣抽纱的造型手段，也是刺绣抽纱独特的艺术语言。

1. 刺绣针法

刺绣主要有如下多种针法。

（1）平针：也称为行针，单线走针。（图5-145）

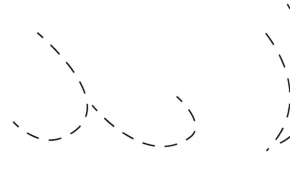

图5-145　平针

（2）长针：也称为掺针绣、乱针绣，是便于图案颜色渐变效果的绣制，该针法表现力强，颜色变化丰富，效果较好。

（3）打籽：可以成片出现，也可以单独使用，还可以组合使用以形成一定的图像感。（图5-146）

（4）云针：外形轮廓形似云朵，多用于封闭区域内。（图5-147）

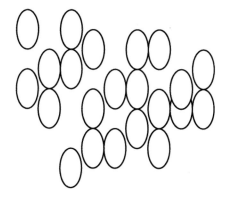

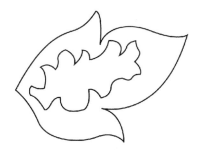

图5-146　打籽

图5-147　云针

（5）包梗绣：将布条或者线包裹其中进行绣制。（图5-148）

（6）拉网绣：角对角的跳绣，成90°角或者其他角度，适用于局部图案的装饰。（图5-149）

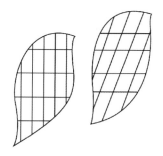

图5-148　包梗绣

图5-149　拉网绣

（7）象形绣：以生活中常见的物品作为针法原形而设计出的刺绣针法。（图5-150）

主要的象形绣有松针绣、人字绣、连珠绣、鱼鳞绣、瓦纹绣、水纹绣、雪花绣、锯齿绣、葡萄绣、扣锁绣、十字绣、蟹爪绣、贴花绣、麦穗绣、菊花绣、圆珠绣。

除了上述象形绣的针法，还有冰纹针、柳叶针、梅花针、葡萄针、三角针等，大同小异，掌握部分象形针法，熟能生巧，可进行自由创作。

2. 抽纱针法

抽纱针法主要有以下几种。

（1）行梗：分单行梗和双行梗，是常用针法。（图5-151）

（2）插瓣：常用的花瓣刺绣针法，尤其是像菊花之类的细长花瓣常用。（图5-152）

图5-150　象形绣

图5-151　行梗

图5-152　插瓣

（3）齐针：装饰线，主要是装饰叶片和花瓣，中间实线，两侧虚线，长短各不相同。（图5-153）

（4）干扒丝：刺绣轨迹就是绣平行线，面积大小不受限制。（图5-154）

图5-153　齐针

图5-154　干扒丝

（5）湿扒丝：遵循的原则是"抽一留三"，经纱和纬纱都按照此原则进行，用工大，效果好，布料上出现小孔。（图5-155）

（6）钱眼丝：经纱和纬纱都按照"抽二留三"的原则进行抽纱，用工比湿扒丝还要大，效果强，表现力强。（图5-156）

（7）扣锁：距离不能太大，需画双线，不能与插瓣紧邻，否则布料容易脱落。（图5-157）

（8）扭鼻：镂空处理，费工，但表现力强，效果很好。（图5-158）

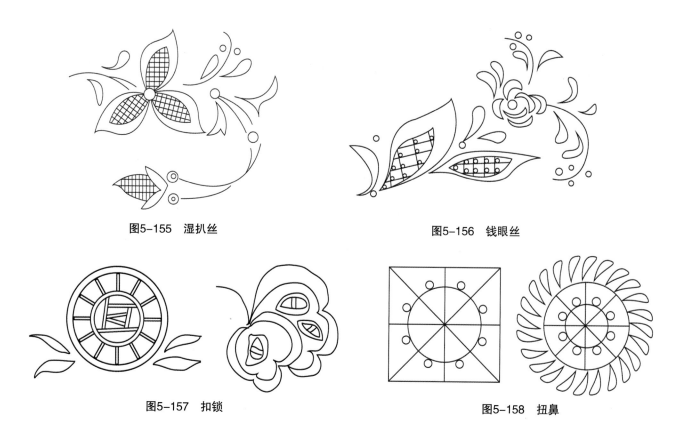

图5-155 湿扒丝

图5-156 钱眼丝

图5-157 扣锁

图5-158 扭鼻

（9）梯子凳：作为刺绣图案的一种补充图形，主要是为了刺绣区域的图案更加丰富，或为了图案的平衡而进行的添加。（图5-159）

图5-159 梯子凳

（10）锁边：对于边缘的处理，应该根据花样而定，内外呼应，曲线、直线协调。可以分为直线类、波浪线类、折线类等，组成各种各样的锁边图案。

(五) 刺绣抽纱的注意事项

(1) 技法即针法的选择注意与面料的匹配，轻薄面料不宜用重工和满工。

(2) 注意相邻针法的选择，有些针法紧邻运用会导致布料脱落。

(3) 注意绣线材质与布料材质的协调。

刺绣抽纱成品如图 5-160 至图 5-166 所示。

图5-160　抽纱图案

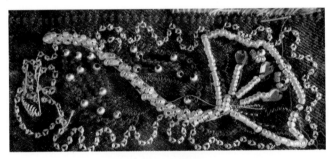

图5-161　特种刺绣一

图5-162　特种刺绣二

图5-163　抽纱服装

图5-164　比利时刺绣

图5-165 童装刺绣装饰

图5-166 刺绣手包（淘宝店铺：茧家）

六、补花方法实现服饰图案

（一）补花的概念

补花，传统上，是利用布料的边角料，在底布上拼成各种图案，先用糨糊粘牢，再用针线沿着图案纹样的边缘用锁绣的方法进行固定，并在中间加以其他刺绣针法，加工而成。补花又叫作贴布绣、贴补绣、贴绒、堆绫等。严格来讲，补花也算是刺绣里的一个门类。我们所讲的刺绣是单纯使用绣线，通过针法塑造图案形象的技法，而补花结合了其他面料，具有独特的艺术魅力。

近年来，人们在补花技法的基础上，创造出了一种带有背胶的补花，人们可以按照自己的喜好轻而易举地把补花贴在衣服的所需部位，通过高温粘牢即可。另外，这种补花还可以粘贴在布包和其他服饰配件及旅游用品上，有一定的立体感，装饰性强，方便又好用。补花装饰既有个性又时尚。（图5-167）

图5-167 补花饰品（金媛善）

（二）补花的工具材料

补花的工具材料与刺绣的大致相同，主要有剪刀、针线、布料（与刺绣抽纱面料大致相同，即棉布、玻璃纱、亚麻布等）、划粉、熨斗、纸板和糨糊。

（三）补花的工艺流程

图案设计—起壳—选择面料—开花—拨花—贴花—画花—绣制、锁边—洗烫。

（四）补花的操作

（1）起壳：把设计好的纹样分解成片，用厚纸板剪下来。

（2）面料选择：根据图案纹样选择需要的面料，注意找接近的颜色和适合的材质。

（3）开花：根据起壳，用选择好的布料剪出花片，剪裁过程注意颜色的深浅变化和图案的结构。

（4）拨花：把花片放到纸板的花形上，根据原型折叠出需要粘贴的边缘，塑造出花片造型。（图5-168）

（5）贴花：在面料上需要的位置，将做好的花片贴上。

（6）绣制、锁边：根据设计需要，将贴好的花片锁边以固定其位置和边缘，在贴花内部绣制装饰针法，或根据需要在花与布料之间垫以衬垫，增加花的立体感。

（7）洗烫：补花的后整理工序，加工完成。

图5-168　起壳、拨花

（五）补花的注意事项

（1）补花的图案面积不宜过小，过小不便于制作。

（2）补花设计时需要根据现有面料，巧妙设计，有效利用，通过刺绣工艺的各种技法，把面料的材质、纹样、色彩充分利用起来，变废为宝。材质、纹样的巧妙利用，会增强补花的装饰效果。

（3）成品补花的位置要固定好，才能把背胶加热粘贴，一旦粘贴，位置就无法改变，所以要特别谨慎。

补花成品如图5-169至图5-173所示。

图5-169　补花饰品一

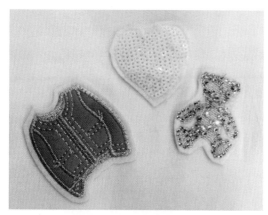

图5-170　补花图案一

图5-171　补花图案二

图5-172　补花饰品二

图5-173　补花布包(淘宝店铺:茁家)

七、直接手绘实现服饰图案

(一)手绘的概念

手绘是专业设计师的必备技能,不仅要求设计师具有专业深厚的绘画表现功底,还要求设计师具有丰富的创作灵感。手绘是各个行业手工绘制图案的技术手法。

手绘服装,即在原纯色成品服装基础上,根据服装的款式、面料及顾客的爱好,画师在服装上用专门的服装手绘颜料绘出精美、富有个性的画面,在不影响服装使用性的基础上,增添其可观性。

手绘服装的画面,一般以花卉图案、风景画为主,也可以是素描装饰纹样、卡通漫画。另外,还可以用故事片段配上文字,或者是顾客自己喜欢的图片配以文字。不管是水彩效果还是油画效果,只要可以手绘的图案,都可以在服装上表现。绘有手绘图案的服装称为手绘服装。

手绘因有随意性和不可复制性,比印花具有更强的艺术性,所以受到人们的青睐。手绘服饰能够充分展现人们的个性和对艺术的追求,并极大地满足了现代人DIY的心理,是一种新奇的产品。特别是近年来欧美、日韩等地刮起了"涂鸦文化"的旋风,手绘服饰成为人们的新宠,从服装、鞋帽到手绘的鞋子及服饰配件,点缀着人们的生活。

（二）手绘的工具材料

服装面料、纺织品颜料、丙烯颜料、画笔等，以及其他辅助工具，如需要规则图案的型版等。

（三）手绘的工艺流程

图案构思—草图—正稿—上色—调整。

（四）手绘的操作

（1）预先设计好图案，初学者可以用铅笔在纸上画草稿，注意图案的整体布局。满意后，再画到衣服上。

衣服平铺在桌子上（为防止渗透，中间隔纸板或木板），用画笔勾画出图案的边线，在勾画的时候要小心，不要错位。

可以借助一些辅助工具，以提高制作效率以及线条的精确度。对于批量生产的工厂就要制版，用粉打出一个轮廓线，然后根据轮廓进行填色。

（2）以不掉色防水的颜料在图案上绘制，颜料以纺织染料为宜，手感好，不褪色。颜色可以加一点水，做深浅调配。

绘制过程中注意水分的控制相当重要，水分过少，无法运笔，水分过多，则颜色容易化开。另外，上色的时候要注意，在色彩未干的时候小心移动衣料，以免造成画面的脏乱，更要避免搞脏衣服。

（3）根据图案绘上不同颜色，并根据图案颜色做出层叠及虚实的效果。上色的一个基本原则是由浅入深，注意色彩明暗关系、冷暖关系、虚实关系的处理。

（4）图案绘制上色完毕，再进行勾边，再次将图案的边线勾出来，使图案更清晰。

（5）图案定型处理：根据绘制所用的颜料特性采用相应的固色手段。一般的丙烯颜料，可以放在无风的地方晾干，或者用电吹风机小心吹干便可。

（五）手绘的注意事项

（1）注意起稿时图案布局到服装合适的位置。

（2）颜料的选用与服饰的面料要相匹配，比如轻薄的面料可以选用国画颜料或纺织品颜料。

（3）图案绘制过程中注意水分的运用，过多会使颜色容易化开，过少则运笔困难。

（4）图案绘制过程中尽量少移动衣料，以免弄花图案。

手绘成品如图 5-174 至图 5-177 所示。

图5-174　手绘鞋子

图5-175　手绘布包一(淘宝店铺:茧家)

图5-176　手绘布包二(淘宝店铺:何田田
　　　　　原创手工布艺)

图5-177　手绘布包三(淘宝:茧家)

第六章

服饰图案欣赏

FUSHI TU'AN XINSHANG

图 6-1 至图 6-74 所示为服饰图案的作品，供大家欣赏。

图6-1 《扇·韵》(宋国强)

图6-2 hello字母

图6-3 花香

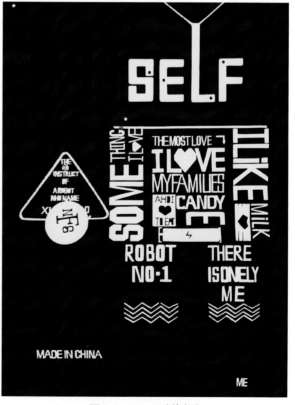

图6-4 myself(徐超)

图6-5　Unique（李洋）

图6-6　百代丽图案礼服

图6-7　斑马（丁春华）

图6-8　包袋（茁家）

图6-9　边角适合纹样（金乐乐）

图6-10 边缘适合纹样（邢书崭）

图6-11 冰岛幻想（付俊川）

图6-12 茶颜馆色（吴巧）

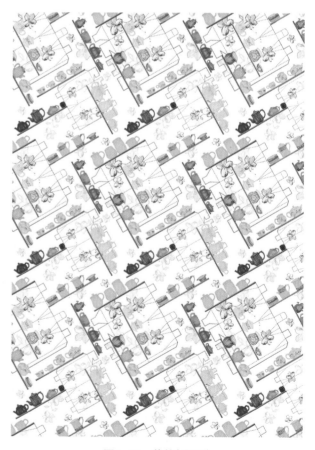

图6-13 茶韵（吴巧）

图6-14　残荷(吴巧)

图6-15　车(吴巧)

图6-16　橙子(丁春华)

图6-17　春意盎然(焦雅奋)

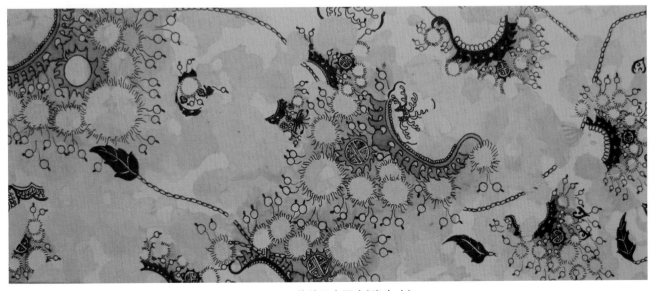

图6-18　传统元素图案(张吉才)

图6-19　刺绣民族服装

图6-20　丹花物语(焦雅奋)

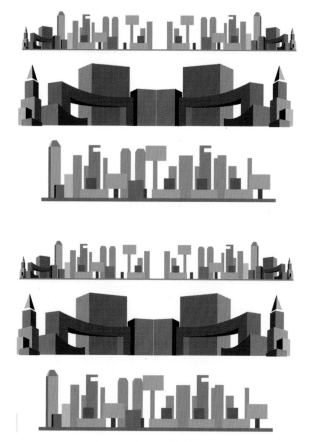

图6-21　都市风情(李旭鹏)

图6-22　繁花锦簇(吴巧)

图6-23 当咖啡遇上猫(燕梦伟)

图6-24 方形适合(丁春华)

图6-25 二方连续(张吉才)

图6-26 服饰绣片

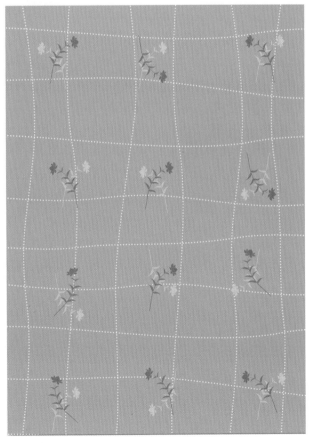

图6-27 格调(王昆仑)

图6-28 古朴（张桃）

图6-29 虎头帽

图6-30 花儿的爱情（吴尚坤）

图6-31 花开富贵（王昆仑）

图6-32 肌理纹样（张吉才）

图6-33　机械之美（吴巧）

图6-34　几何组合（金乐乐）

图6-35　江南忆（李昊冉）

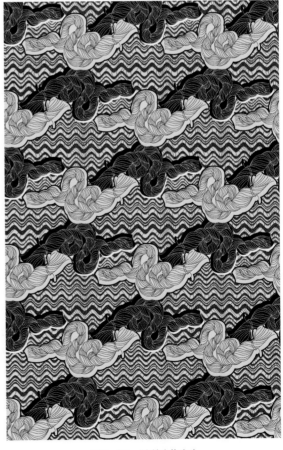

图6-36　结缘（薛白）

图6-37 赖露晶作品

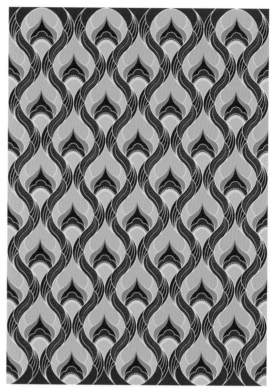

图6-38 菱格图案(陶小月)

图6-39 立体裁剪图案

图6-40 麦收（吴尚坤）

图6-41 梦里酒香（薛白）

图6-42 米恩梦

图6-43 苗族服饰图案

图6-44 民间童鞋

图6-45 茄克图案

图6-46 如鱼得水（燕梦伟）

图6-47 诗画（徐超）

图6-48 时光印记（金乐乐）

图6-49 自然图形（陶小月）

图6-50 雨忆（于佳）

图6-51　线间艺术(徐欣)

图6-52　饰梦(刘锐)

图6-53　特种刺绣

图6-54　邮来　邮趣(曹敏)

图6-55 深森(王东敏)

图6-56 元夕庆(秦月宾)

图6-57 醒狮(秦月宾)

图6-58 层峦叠嶂(张弼超)

图6-59 伊斯兰(韩俊)

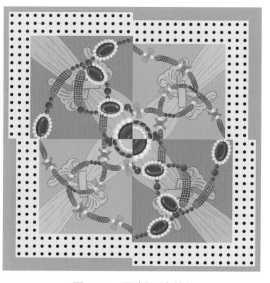

图6-60 璎珞(王东敏)

图6-61　番茄元素（林微）

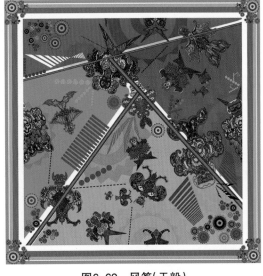

图6-62　风筝（于毅）

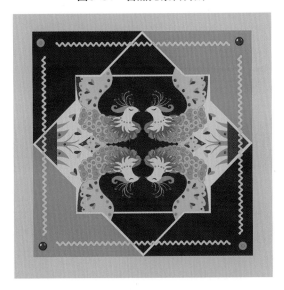

图6-63　胡萝卜元素（王旭）

图6-64　蔬菜集合（张弼超）

图6-65　菊舞（于毅）

图6-66　丛林一（王东敏）

图6-67 雪域之歌一（徐学文）

图6-68 雪域之歌二（徐学文）

图6-69 番茄元素（林微）

图6-70　垂花柱（张弼超）

图6-71　蔬果乐园（于毅）

图6-72　运动一（崔连宇）

图6-73　丛林二（王东敏）

图6-74　运动二（崔连宇）

参考
文献

FUSHI TU'AN YU SHEJI

[1] 张晓黎.服装设计创新与实践[M].成都:四川大学出版社,2006.

[2] 李莉婷.服装色彩设计[M].北京:中国纺织出版社,2000.

[3] Rita Pema.流行预测[M].李宏伟,王倩梅,洪瑞璘,译.北京:中国纺织出版社,2000.

[4] 宁俊.服装营销管理[M].北京:中国纺织出版社,2004.

[5] 马仲岭.CorelDRAW服装设计实用教程[M].3版.北京:人民邮电出版社,2013.

[6] 黄能馥,乔巧玲.衣冠天下——中国服装图史[M].北京:中华书局,2009.

[7] 徐雯.服饰图案[M].北京:中国纺织出版社,2000.

[8] 孙世圃.服饰图案设计[M].4版.北京:中国纺织出版社,2009.

[9] 薛雁,吴微微.中国丝绸图案集[M].上海:上海书店出版社,1999.

[10] 林竟路.电脑在纺织品图案设计中的应用[J].丝绸 SILK,2002(11).

[11] 鲍小龙,刘月蕊.现代装饰图案设计[M].上海:东华大学出版社,2002.

[12] 鲍小龙,刘月蕊.手工印染:扎染与蜡染艺术[M].上海:东华大学出版社,2004.

[13] 贾京生.计算机与染织艺术设计[M].北京:清华大学出版社,2004.

[14] 崔唯,肖彬.纺织品艺术设计[M].北京:中国纺织出版社,2010.

[15] 鲍小龙,刘月蕊.图案设计艺术[M].上海:东华大学出版社,2010.

[16] 汤迪亚.服饰图案设计[M].北京:中国纺织出版社,2015.

[17] 陈立.刺绣艺术设计教程[M].北京:清华大学出版社,2005.

[18] 王丽.服饰图案设计[M].上海:东华大学出版社,2012.

[19] 汪芳.现代服饰图案设计[M].上海:东华大学出版社,2017.

[20] 董庆文,宋瑞霞.服饰图案设计[M].上海:东华大学出版社,2017.